농업기술길잡이 59

농산물 저장과 가공

농촌진흥청

대표집필부서

국립농업과학원 발효가공식품과 063-238-3559

집필진

제1장 식품가공 정의 및 기초공정

김진숙 국립농업과학원 기능성식품과
유선미 국립농업과학원 식생활영양과
김기창 국립농업과학원 기능성식품과
김하윤 국립농업과학원 식생활영양과
김경미 국립농업과학원 기술지원과
한혜민 전 국립농업과학원 가공이용과
한귀정 국립농업과학원 발효가공식품과

제2장 가공방법 및 저장

김진숙 국립농업과학원 기능성식품과
유선미 국립농업과학원 식생활영양과
김기창 국립농업과학원 기능성식품과
김하윤 국립농업과학원 식생활영양과
김경미 국립농업과학원 기술지원과
한혜민 전 국립농업과학원 가공이용과
한귀정 국립농업과학원 발효가공식품과

대표집필부서 국립농업과학원 발효가공식품과
편집기획 농촌진흥청 기술보급과 조은희, 한종석, 변재완
국립농업과학원 기술지원과 노진호

2023년 5월 31일 1판 1쇄 인쇄
2023년 5월 31일 1판 1쇄 발행

지 은 이 농촌진흥청 기술보급과
발 행 인 이헌숙
표 지 김학용
발 행 처 생각쉼표 & 주)휴먼컬처아리랑
경기 양평군 옥천면 용천로 37
전 화 070) 8866 – 2220
등록번호 제 2009 – 000008호
등록일자 2009년 12월 29일

www.휴먼컬처아리랑.kr
ISBN 979-11-6537-343-6

농업기술길잡이 59

농산물 저장과 가공

농촌진흥청

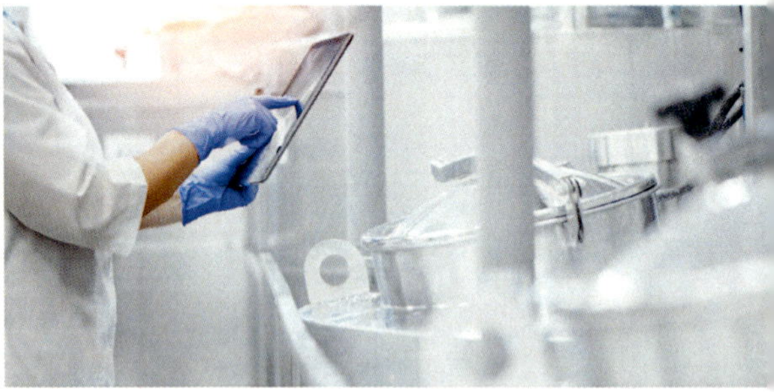

CONTENTS

제1장

식품가공 정의 및 기초공정

1. 식품가공의 기초적 이론
2. 식품가공의 기초공정

01 식품가공의 기초적 이론

가공의 정의와 목적

식품가공은 농수산물·축산물 등을 유용하게 활용하기 위하여 식품원료에 물리적·화학적·생물학적 처리를 하여 저장성을 증대시키거나, 소화흡수를 돕고, 맛·풍미·외관을 좋게 하여 기호성을 향상시키는 등의 여러 가지 특성을 부여하여 식생활에 적합하도록 하는 가공조작을 의미한다.

가공의 분류

식품가공은 제품의 종류, 원료, 방법에 따라 분류할 수 있다.

가. 제품의 종류 및 용도

(1) 일용품 : 장류, 설탕, 빵, 떡, 국수, 식용유, 식초, 두부, 햄, 우유, 수산가공품 등

(2) 기호품 : 커피, 다류 등

(3) 발효제품 : 주류, 장류, 식초, 김치, 발효유 등

(4) 중간제품 : 전분, 물엿, 포도당, 효모, 맥아 등

나. 제조 원료

(1) 농산물 가공 : 곡류, 서류, 두류, 과실류, 야채류, 버섯류 등

예) 백미, 밀가루, 탁주, 전분, 물엿, 포도당, 당면, 간장, 된장, 두부, 식용유, 잼, 젤리, 주스, 건조야채, 김치, 녹차, 홍차, 설탕, 커피 등

(2) 축산물 가공 : 우유, 육류, 알류 등

예) 햄, 베이컨, 소시지, 통조림, 분유, 연유, 가공우유, 버터, 치즈, 건조란 등

(3) 수산물 가공 : 어류, 패류, 해조류 등

예) 건어물, 젓갈류, 염장품, 어묵, 조미가공품, 조미김, 건미역, 건다시마, 한천 가루 등

다. 가공 방법

(1) 물리적 가공 : 원료에 도정, 분쇄, 압편, 미쇄, 압착, 건조, 농축, 훈연, 유화, 진공, 가압, 막이용에 의한 분리, 전자파 등의 물리적·기계적 변화를 주어 식품을 가공하는 것

(2) 화학적 가공 : 원료에 가수분해, 효소처리, 중화, 산화, 환원, 표백 등 화학적 방법에 의하여 식품을 가공하는 것

(3) 미생물학적 가공 : 세균, 곰팡이, 효모 등의 미생물이 생산하는 효소의 작용으로 간장, 된장, 식초, 빵, 절임류, 알코올 제품 등의 식품을 가공하는 것

라. 가공의 원리 및 방법

가공식품의 원료는 성분과 구조가 매우 복잡한 물질이며 원료 자체에 효소와 미생물 등이 포함되어 있어 가공과정에서 외부환경의 영향을 받기 쉽다. 이와 같은 복잡하고 다양한 물질을 목적에 맞게 가공하기 위해서는 다양하고 복잡한 단위조작들이 필요하다.

보통 식품가공은 원료에 물리적·화학적·생물학적 처리를 함으로써 외관이나 구성성분을 변화시키며 목적에 따라 방법을 조합하여 가공하기도 한다. 예를 들어 치즈의 경우 물리적 가공(살균·숙성), 생물학적 처리(발효), 화학적 처리(카제인의 응고)의 복합공정을 거쳐 제조하게 된다. 현재는 가공기술과 기계의 발달에 힘입어 다양한 가공법과 새로운 형태의 식품이 개발되고 있다.

〈표 1-1〉 식품의 가공방법에 따른 주요 기술

방 법	주요 기술
물리적방법	선별, 박피, 분쇄 · 마쇄, 사별(sieving), 여과, 원심분리, 압착, 혼합 · 교반, 가열, 건조 · 농축, 고압처리, 증류, 전자파
화학적방법	박피(화학물질 이용), 추출, 침전, 염지 · 당지, 산 · 알칼리 침지, 훈연(smoking), 색소 고정, 가수분해, 유화(emulsion), 수소 첨가
생물학적 방법	효소, 미생물 처리

02 식품가공의 기초 공정

선별 공정

선별은 이물질을 물리적으로 분리 · 제거하는 식품가공의 가장 기본적인 조작이다.

가. 선별의 의미

(1) 원료에 혼입된 제거 물질 : 화학물질(농약·항생물질), 물리적 이물질(돌, 모래, 흙, 금속, 배설물, 털, 잎, 나뭇가지 등)로 구분

(2) 원료의 색, 크기, 무게, 모양, 비중, 성분 조성, 전자기적 성질 등 물리적 성질의 차이에 따라 분리 · 제거하는 조작

(3) 선별과 관련된 용어

분급 : 입자 크기별 분류

등급 : 품질 차이에 따른 분류(크기와 모양, 숙성 정도, 조직, 냄새, 오염 정도, 색깔 등)

(4) 선별 방법

○ 인위적 방법(관능적 방법) : 훈련된 전문인에 의해 분류되는데 객관적인 기준이 없으므로 재현성 부족

○ 기계적 방법 : 인위적 방법보다 객관적이고 재현성이 있으나 시간과 노력이 많이 소용됨

나. 선별의 종류

(1) 크기와 모양에 의한 선별

식품 원료의 크기에 따른 선별 방법은 식품의 종류에 따라 다르다. 식품의 크기를 체로 선별하는 방법은 식품이 체를 통과하거나 통과하지 않는 구멍의 크기를 결정함으로써 선별하게 되는데, 보통 구형에 가까운 원료에 적당한 방법이다.

체눈 크기 단위는 메쉬(mesh)인데, 1메쉬란 그림과 같이 1인치 체의 길이(2.5cm) 속에 들어있는 체눈의 수를 의미한다. 예를 들어 30메쉬 체는 1인치 내에 체눈의 수가 30개를 의미한다. 따라서 메쉬가 클수록 가는 체를 의미한다.

식품의 모양에 의한 선별은 수동 또는 기계적으로 수행되는데 일반적인 과일류는 벨트-롤러 선별기를 많이 이용한다(그림 1-1).

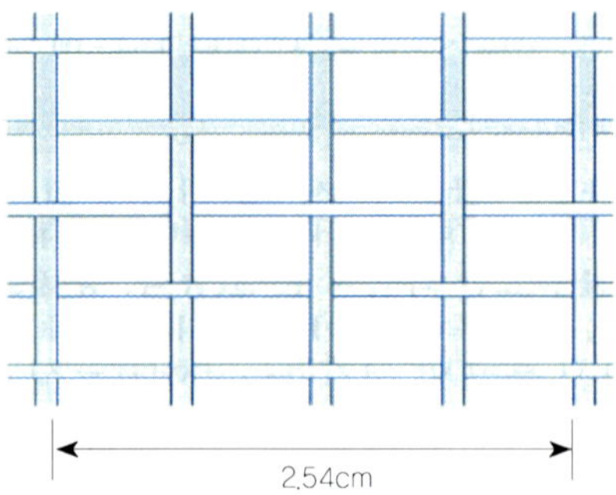

〈그림 1-1〉 메쉬(mesh) 체의 크기

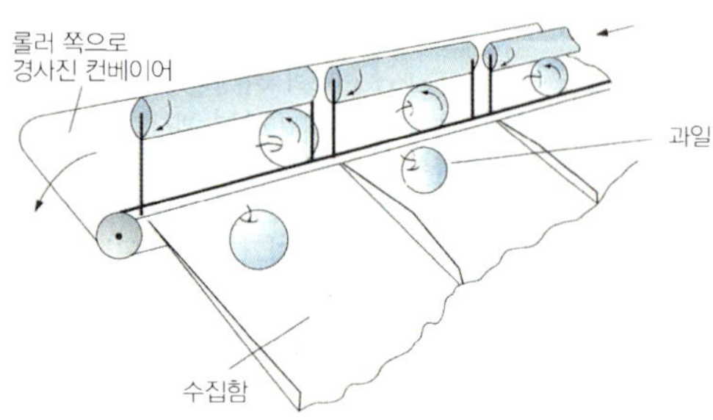

〈그림 1-2〉 벨트-롤러 선별기

(2) 무게에 의한 선별

육류, 생선 필레, 일부 과일류(사과·배·오렌지), 채소류(감자·당근·양파), 달걀 등은 무게로 선별되어 가공 원료로 사용된다. 무게에 의한 선별 방법은 실제 무게를 측정하여 분류하는데, 크기 선별의 경우보다 더 정확하게 분리할 수 있다. 일부에서는 무게 선별기와 크기 선별기를 같이 사용하기도 하며 최근엔 컴퓨터로 무게와 가격 등을 동시에 자동으로 처리한다.

(3) 색깔에 의한 선별

광범위한 전자기적 스펙트럼을 이용하여 식품 원료를 선별하는데, 이 원리는 가공 원료의 반사와 투과 특성을 이용한 것이다. 반사원리를 이용한 방법에 는 광학적 색채 선별과 기기적 색깔 선별(그림 1-3)이 있다.

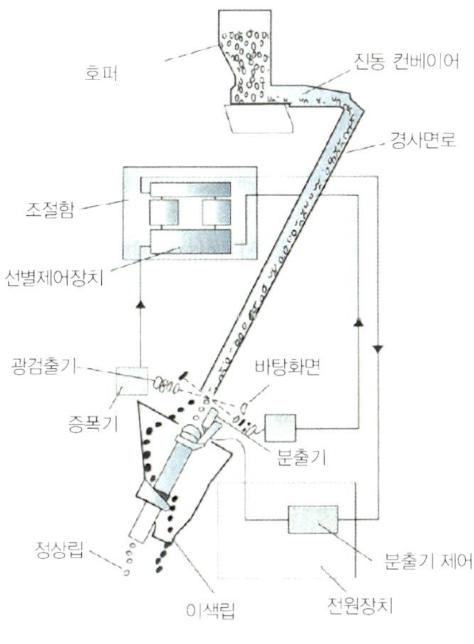

〈그림 1-3〉 색채 선별기

투과 선별은 식품 원료를 투과하는 빛의 정도를 기준으로 판단하며 채소류, 곡류, 서류, 땅콩, 토마토, 복숭아 등에 빛이 통과하면 결함 여부를 쉽게 알 수 있다.

다. 선별의 효과

(1) 원료 선별을 잘함으로써 기계적 가공이 용이(껍질 벗기기, 데치기, 씨 빼기 등)

(2) 살균, 탈수, 냉동 공정의 표준화 가능

(3) 포장의 규격화가 쉬워짐

(4) 크기와 모양이 균일하여 식품 선택 시 소비자의 기호도 증가

분쇄공정

분쇄는 고체 입자를 절단하거나 부숴뜨려 더 작은 조작으로 만드는 모든 방법에 적용된다. 분쇄라는 의미 속에는 파쇄 또는 마쇄라는 뜻을 함축하는 광범위한 식품가공 공정의 한 용어이다.

가. 분쇄 목적

(1) 조직을 파괴하면 필요한 성분의 추출이나 분리가 용이하다.

(2) 일정한 입자 크기로 세분화하여 제품의 품질이 향상(향신료, 초콜릿 정제)된다.

(3) 원료의 입자가 작을수록 표면적이 커져 건조 속도, 추출 속도가 빨라지고 열효율이 커서 가열시간이 단축된다.

(4) 다른 원료와 혼합시킬 경우 입자의 크기가 같으면 균일한 제품을 만들 수 있다. 분쇄는 한 가지 이상의 힘이 작용하는데 일반적으로 사용되는 분쇄에 응용되는 기본 방식에는 압축, 절단, 충격, 비틀림(전단) 등이 있다.

나. 분쇄기 종류

(1) 롤러 밀

표면의 매끄러운 2개의 롤이 서로 다른 속도로 회전하면서 물질을 곱게 가는 장치로 곡류, 커피, 목화씨, 유박 등의 분쇄에 사용한다.

(2) 해머 밀

해머가 달린 디스크를 고속으로 회전시켜 식품을 잘게 부수는 기기로 결정형 고체, 섬유형 재료, 채소류 등을 분쇄하는 데 사용한다.

(3) 디스크 밀

○ 단일 디스크 밀 : 고정 디스크와 회전 디스크 사이의 좁은 간격을 통과할 때 강력한 전단력에 의해 분쇄한다.

○ 이중 디스크 밀 : 2개의 회전 디스크가 서로 반대 방향으로 회전하면서 생기는 전단력에 의해 분쇄한다.

(4) 버밀

원래는 밀가루 제분에 사용되었던 구형 디스크 밀의 일종으로 전분과 글루텐 분리를 위해 옥수수를 습식분쇄할 때와 초콜릿 제조에서 카카오 배유를 분쇄할 때 사용한다.

(5) 볼 밀

볼의 회전에 따른 원심력으로 시료를 잘게 부수는 기기로 전단력과 충격력에 의해 분쇄작용이 일어난다.

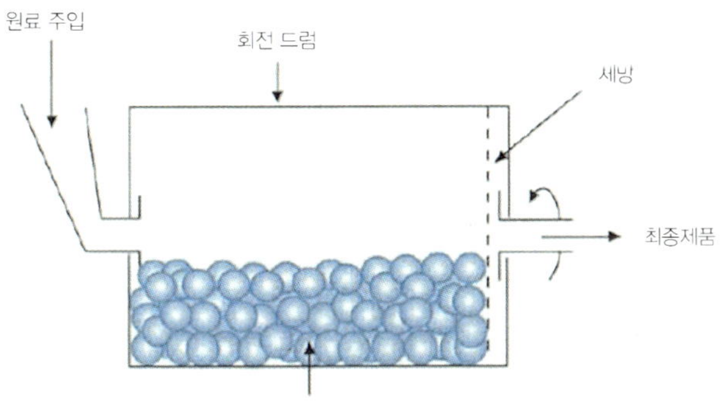

〈그림 1-4〉 볼 밀의 구조

혼합과 성형 공정

가. 혼합 공정

혼합(mixing 또는 blending)은 두 가지 이상의 다른 성분을 섞어서 보다 균일한 물질을 얻는 것이다. 혼합 공정은 서로 혼합하고자 하는 물성에 따라 고체-고체 혼합, 고체-액체 혼합, 액체-액체 혼합, 액체-기체 혼합 등이 있으며 보통 혼합이라고 하면 고체-고체 혼합을 의미한다.

혼합과 관련된 용어는 다음과 같은 것이 있다.

① 교반 : 혼합성 액체-액체 간의 혼합

② 반죽 : 고체-액체

③ 유화 : 비혼합성 액체-액체 간 혼합

(1) 고체 입자의 혼합

고체 혼합의 목적은 두 가지 이상의 별도 성분을 서로 섞어서 보다 균일한 생성물을 얻는 데 있다. 고체-고체 혼합의 경우 시료 크기, 비중, 점착성, 유동성, 응집성 등과 같은 물리적 성질이 혼합공정에 영향을 미치게 된다.

일반적으로 고체 입자의 배합비율 차이가 클수록, 같은 크기의 입자일지라도 비중 차가 클수록, 입자의 크기가 클수록 혼합되기 어렵다.

(2) 액체의 혼합

○ 교반

교반은 혼합성 액체 간의 혼합이며 혼합할 때 고려해야 할 사항은 액체의 점성이다. 점도가 큰 액체끼리의 혼합은 큰 힘이 필요하며 혼합시간도 길어진다. 따라서 재료의 점도와 농도를 고려하여 혼합하여야 한다. 주로 제과·제빵 시의 밀가루 반죽, 육류·생선 페이스트 제조, 초콜릿의 제조, 마가린·버터의 제조, 아이스크림, 치즈 제조 시 이용된다.

○ 유화

유화는 서로 섞이지 않는 두 액체 간의 혼합으로 한 액체가 아주 작은 액체로 쪼개져 다른 액체 속에 고루 분산되어 혼합된 상태를 어멀션(emulsion)이라 하며 이러한 조작을 유화 또는 균질이라고 한다. 유화를 시키기 위해서는 유화제를 첨가하는 화학적 방법과 교반기를 사용하는 물리적 방법이 있다.

유화(어멀전)의 두 가지 유형은 다음과 같이 분류된다.

- 수중유적형(oil-in-water, O/W) : 작은 입자의 기름이 물속에 분산되는 경우
- 유중수적형(water-in-oil, W/O) : 작은 입자의 물이 기름 속에 분산되는 경우

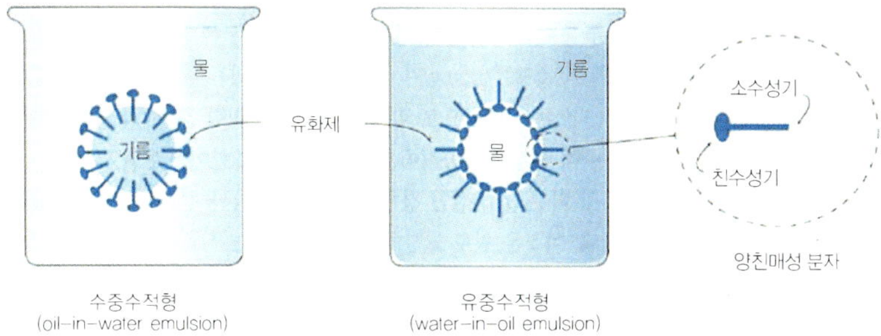

〈그림 1-5〉 유화의 종류

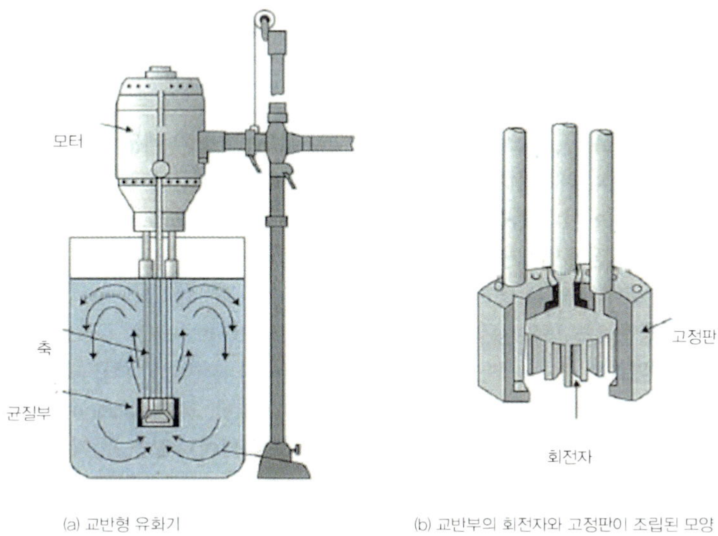

〈그림 1-6〉 교반형 유화기의 구조

건조 공정

가. 원리

일정한 온도와 습도를 지닌 공기를 일정한 속도로 식품에 접촉시킬 경우 공기온도가 식품보다 높으면 열은 식품에 전달되고 이것에 의해 식품 내의 수분은 증발되어 제거된다.

나. 건조의 좋은 점

(1) 미생물이나 효소의 작용을 억제하여 보존성 향상

(2) 중량이 감소하여 수송이나 저장이 용이

(3) 원료와는 다른 풍미와 조직을 갖게 함

다. 건조 속도에 영향을 미치는 요인

(1) 공기 속도 : 식품 표면을 통과하는 공기의 흐름이 빠르면 빠를수록 어느 한계까지는 표면에서의 수분 증발도 빨라진다.

(2) 공기온도 : 공기온도가 높을수록 건조 속도는 커진다. 따라서 허용되는 범위 안에서 되도록 높은 온도를 가해야 한다.

(3) 습도 : 습도가 높을수록 건조 속도는 감소된다. 상대습도가 같은 경우라면 온도가 높을수록 건조가 빨라지며, 온도를 일정하게 유지하고 습도를 감소시키면 건조 속도가 빨라진다.

(4) 공기의 방향 : 공기가 식품 표면에 평행으로 흐르는 경우 건조 속도가 가장 빠르고, 표면에 대해 45°의 경사를 가지게 되면 그보다 느려지며, 수직으로 되면 가장 느려진다.

(5) 식품의 크기와 모양 : 표면적이 클수록, 두께가 얇을수록 건조가 빠르다. 그러므로 넓고 가늘게 썰어서 건조하는 것이 효과적이다.

라. 건조법의 종류

(1) 천일건조법(Sun-drying)

태양열과 풍력에 의하여 건조하는 방법으로 어패류나 해조류의 건조에 많이 이용된다. 특별한 설비가 필요 없고 간편하며, 대량처리가 가능하고 경비가 들지 않는다는 장점이 있다. 그러나 일기가 나쁘면 처리할 수 없고, 건조 중에 착색·퇴색·산화 등의 화학적 변화와 효소에 의한 분해 등을 받기 쉽다.

그늘에서 건조시키는 것은 직사광선을 피하여 바람이 잘 통하는 그늘에서 말리는 방법으로 피막경화와 같은 현상을 막고 균일하게 건조시키며, 또한 화학적 변화나 변형을 적게 하기 위한 방법이다.

(2) 배건법(Roast drying)

배건로에 장작·톱밥 등을 연소시키고, 그 위에 피건조물을 얹어 이들이 연소할 때 생기는 복사열과 상승기류에 의하여 수분을 증발시키는 방법이다. 목재를 연소시킬 때 생성되는 훈연 중에는 독특한 향기 물질과 항산화 물질이 포함되어 있으므로, 이 방법으로 건조한 제품은 독특한 향기가 있고 유지의 산화가 억제된다. 따라서 본질적으로는 훈건법과 같다. 제품에 따라서는 목재를 연소시키지 않고 숯불·전열·적외선 등을 열원으로 하는 수가 있는데, 이때는 훈연의 특유한 효과가 없다.

배건법으로 건조하면 제품이 표면경화현상(case hardening)을 일으키기 쉬우므로 배건을 몇 단계로 나누어서 실시하고, 배건과 배건 사이에는 방치하여 수분이 확산될 수 있는 기회를 주고 있다.

(3) 열풍건조법(Hot-air drying)

식품을 건조실에 넣고 강제적으로 송풍기나 선풍기 같은 기기에 의해 열풍을 불어넣어 건조시키는 방법이다. 식품의 종류나 상태에 따라서 열풍의 온도, 풍속, 풍향 등을 알맞게 조절해야 한다.

통풍식은 건조실 내에 선풍기를 설치하여 건조된 공기와 습기 많아진 공기를 섞어서 건조하게 하는 방식이다. 가열 부분을 아래나 벽면에 설치하여 그 열을 돌려주는 캐비닛형 건조기가 대표적이다. 송풍식은 건조실을 터널상으로 하여 송풍장치가 외부에서 가열공기를 송풍하여 건조하는 방법이다.

(4) 기류건조(Flash drying)

기류건조란 건조제품이 분말입자의 재료로 습윤 시에 반죽 모양, 분립상, 괴상의 것을 아주 빠르게 흐르는 열기류 중에 분산시킨 뒤 열기류와 병류로 보내면서 순간적으로 건조하는 방법이다.

(5) 분무건조(Spray drying)

분무건조법은 19세기 말에 고안된 후 식품공업과 화학공업 분야에서 널리 이용되는 방법으로, 그 용도와 대상 제품의 성상에 따라 각종 형식의 분무건조 장치가 개발되고 있다.

분무건조법은 고형물을 용해 또는 현탁한 액상물질을 고온기류 중에 분무 미립화시켜 분산하며 표면적을 크게 증대시킴으로써 몇 초 안에 순간적으로 건조되는 방법으로 그 특징은 다음과 같다.

- ○ 열 변성하기 쉬운 물질도 용이하게 건조 가능하다 : 영양분, 방향 성분 등 열에 민감한 물질을 함유한 식품건조에 가장 적합하다.
- ○ 제품 형상을 구형의 다공질 입자로 할 수 있다 : 용해성과 분해성이 좋으며, 인스턴트 분말의 제조에 적합하다(인스턴트 커피, 분유, 분말과즙, 분말향료).
- ○ 연속으로 대량처리가 가능하다 : 최근에는 시간당 몇 톤(ton)의 제품을 24시간 연속으로 처리 운전하고 있는 장치로 가동하고 있다.
- ○ 액상물질을 직접 분말화시킨다 : 분쇄와 분말의 등급화 공정을 필요로 하지 않고 공정이 단순하다.

(6) 가압건조(팽화건조 : Compress drying)

폭발건조 또는 팽화건조라고도 하며, 통일된 명칭은 아니지만 가압과 가열 후에 상압에서 분출시켜 순간적으로 수증기의 증발에 의해 건조시키는 방법이다.

과자 제조와 팽화 압축미의 제조에 이용된 방법으로 인스턴트 식품의 개발에 이용되어 왔다.

익스트루더(extruder : 가압가열, 압축기)에 의한 전분을 주체로 하는 식품의 α화-성형, 팽화, 건조는 각종 스낵식품, 조직상 단백질(TVP : textured vegetable protein)의 제조에 이용되고 있다.

물체조직 내 보유 수분의 순간적인 증발로 인한 조직의 팽창현상을 팽화라고 하며, 이것을 이용한 것이 팽화건조(puff drying)이다.

어느 정도 이상의 수분을 함유한 물체를 고압 하에서 고온으로 놓인 후 갑자기 그것보다 압력이 낮은 상태로 개방하였을 경우 물의 순간 증발로 그 물의 비등온도까지 물체의 온도가 내려 가는 현상이 팽화건조법의 원리와 특징이다. 이때 증발 수증기의 팽창력에 의해 물체는 순간적으로 부풀고, 동시에 미세한 균열로 조직들이 터진다. 수많이 생긴 미세한 균열은 물과 수증기의 확산이동 통로로 건조 속도와 기간을 짧아지게 한다.

(7) 피막건조(Drum drying)

드럼 건조는 액체, 슬러리, 페이스트, 반고체형 원료 등 각종 농도와 점도를 가진 피건조물을 가열된 드럼통이나 벨트의 드럼 표면에 얇은 막으로 도포시켜 드럼 회전에 따라 건조시키는 방법으로 특징은 다음과 같다.

○ 폭넓은 범위의 원료를 건조할 수 있다.

○ 건조시간이 매우 짧으며 장시간 고온에서 노출 위험이 없이 열에 의한 물성 변화가 적다.

○ 열효율이 높고 구조가 간단하여 기계의 청소가 쉽다. 따라서 소량 다품종 생산에 적합하여 기계 전환 시간이 짧아서 식품 등의 생산에 적합하다.

○ 완성된 건조물은 건조 후 처리 방법에 따라서 분말에서 플래이크, 그리고 필름상까지 연속적으로 만들 수 있다. 드럼건조기는 구조가 간단하여 세정이 비교적 쉬우며, 또한 액체의 피건조물에서 반고형 상태 건조물까지 광범위한 원료건조가 가능해 식품 공장에서도 많이 사용되고 있다. 적용가능 식품으로는 α형 전분, 인스턴트 수프, 건조 베이비 푸드 등의 건조에 이용되고 있다.

(8) 진공건조(Vacuum drying)

진공건조는 밀폐용기 내의 압력을 30~100 Torr의 저압으로 하고 3~5℃의 저온으로 건조하는 방법이다. 저온에서 건조할 수 있는 대표적인 방법으로 동결건조를 말할 수 있지만, 이 방법은 압력을 0.2~0.8 Torr와 같이 고진공으로 하지 않으면 안 되기 때문에 배기펌프의 동력비가 상당히 높아진다. 또 승화에 의한 건조이기 때문에 동결된 얼음에서 직접 증기로 수분 이동이 이루어진다. 즉 피건조물 중의 수분을 고체에서 기체로 변화하는 것이다.

진공건조에서는 상 변화가 없어서 열 에너지적으로 이익이 될 뿐 아니라, 진공펌프의 동력비 또한 동결건조에 비하여 낮아진다. 식품 건조 시에는 가능한 한 저온에서 처리하는 것이 그 품질의 유지를 위해 바람직한 것이다. 그러나 위에서 말한 바와 같이 동결건조에서는 생산가격이 높아져서 가격이 높은 식품의 건조에 한정된다.

진공건조의 장점은 다음과 같다.

○ 저온하에서 건조 속도가 높아 원료의 풍미를 가지며 가루냄새가 없다.

○ 건조식품의 맛, 냄새, 색의 변화를 억제할 수 있다.

○ 영양성분의 분해 및 산화 등의 화학반응을 최소한으로 한다.

○ 발포현상을 일으켜 물에 용해하기 쉬운 다공질의 과립성 제품이 된다.

○ 다공질이 되기 때문에 저수분까지 건조하기 쉽다.

○ 2차 오염이 없는 위생적인 제품을 얻을 수 있다.

또한 이 건조법의 식품 응용 예로는 다음과 같은 것을 들 수 있다.

○ 당 · 수분이 많고 분무건조법이나 기타의 건조법으로는 건조가 어려운 것 : 물엿, 연유, 맥아엑기스, 꿀

○ 가열의 영향을 받기 쉬운 것 : 오렌지과즙, 토마토퓨레, 장류, 된장

○ 보다 고품질의 건조식품 제조 : 인스턴트 커피, 수프류, 엑기스류

(9) 동결건조(Freeze drying)

식품을 동결시킨 다음 고도의 진공하에서 식품 중의 빙결정을 직접 승화시켜 건조제품을 만드는 방법이다. 수분이 많은 식품을 진공 중에 두면 급격히 증발이 일어나 증발열을 빼앗기게 되므로 식품은 저절로 동결하게 된다. 이것을 자기동결이라고 한다. 그러나 이때 발포하거나 조직이 파괴되는 일이 많으므로 미리 식품을 동결시켜둔다. 이것이 이 방법의 제1단계 과정이다.

다음은 감압과정이다. 압력을 내리면 물은 100℃ 이하에서도 비등증발 하는데, 4.58 mmHg로 감압하면 0℃에서 비등하게 된다. 즉 물의 포화증기압은 0℃에서 4.58 mmHg이다. 또한 -10℃에서는 1.95 mmHg, -20℃에서는 0.77 mmHg로 감소한다.

저온에서 승화를 계속시키기 위해서는 건조실 내의 수증기압을 상당히 낮게 유지할 필요가 있다. 그러므로 건조실 내의 공기를 제거하여 저압으로 하면 건조속도가 빨라지므로, 건조실 내는 일반적으로 1~0.01 mmHg 정도로 유지한다.

○ 동결건조 제품의 특징

세균과 바이러스 등 살아 있는 미생물, 육류와 수산물 같은 생체식품, 효소와 호르몬 같은 활성물질 등은 변성과 사멸이 일어나기 때문에 그대로 두어서는 장기간 보존이 불가능하다.

자연건조나 열풍건조 등은 변성이 일어나고 본래의 모습과는 다른 형태가 되게 마련이다. 따라서 형태적으로나 기능적으로 시료가 가지고 있는 본래의 상태를 잃지 않고 원상복원이 좋게 되도록 하는 것이 동결건조법의 최대 목적이다.

그 예로 오징어가 마른오징어가 되고 나면 다시 원래의 오징어로는 되돌아갈 수 없게 되는 것이 있다. 이와 같은 결점을 해결하고자 하는 건조방법이 동결건조법이고 이 방법에 의하면 원래의 형태가 붕괴되지 않을 뿐 아니라 기능적인 활성도 손상되지 않고 효소활성과 세포의 생명까지 유지된다는 것이 본 기법의 특징이다.

이들을 구체적으로 장단점을 나열해 보면 다음과 같다.

◆ 장 점

- 피건조물, 특히 생체의 경우는 동결건조에 의해 본래의 형태 그대로 유지할 수 있다. 다시 말하면 최초에 원료를 동결시킨 상태로 유지, 고정하며 그 상태로 건조를 완료할 수 있어 건조 후에도 원래의 모습을 갖고 있다.
- 모든 공정이 저온하에서 처리되기 때문에 피건조물 원래의 기능과 활성이 유지된다.
- 액상의 원료일 경우에도 동결에 의해 임의의 구조를 만들어 porous(다공성)한 구조도 유지시킬 수 있다.
- 표층에 막 모양의 것이 생기지 않고 균일하게 건조된다. 원료 내부에서도 탈수가 잘 되기 때문에 건조도가 양호하고 건조 후의 함수율도 낮다.
- 변성이 적게 일어난다. 식품을 급속히 동결한 후 극히 낮은 온도와 진공 상태에서 승화 탈수를 하므로 가열 또는 산화에 의한 성분의 변성, 비타민의 손실, 변색 및 이취가 일어나지 않게 되고 세균의 증식오염과 산소에 의한 변질도 일어나지 않는다.
- 건조 중 경화가 발생되지 않는다. 내부에서 수분이 승화 탈수되기 때문에 표면강화가 일어나지 않아 건조도가 좋게 되므로 제품의 함수율도 낮게(27% 이하 정도) 할 수 있다.

◆ 단 점

- 건조물은 다공성 형태가 되기 때문에 표면층이 넓게 되므로 산화되기 쉽고, 흡수성이 크기 때문에 건조 후 보존에 있어 특별한 주의가 필요하다. 또 용적량 비율도 높고 형태가 부서지기 쉬우므로 수송에 유의하여야 한다.
- 장치 설비와 조작비가 타 건조법에 비해 높은 단점이 있다.

(10) 냉풍건조

제습하여 수증기압을 적게 한 냉풍을 식품에 접촉시켜 수분의 증발을 촉진하는 방법이다. 공기의 제습에는 냉동기를 사용하므로 열풍건조법과 비교하면 설비비나 운영경비가 많이 든다. 그러나 식품의 온도를 높이지 않고 건조하므로 갈변이나 지방의 산화를 억제할 수 있다.

(11) 자연동결건조

식품을 겨울에 자연저온을 이용하여 수분을 빙결시킨 다음 10℃ 정도의 온도에서 융해시켜 수분을 증발 또는 유출시킨다. 이 처리를 반복하여 수분을 제거하고 건조하는 방법이다. 한천이나 명태 등은 이 방법에 의하여 제조된 대표적인 제품이다. 얼음이 녹아서 액즙으로 유출할 때 수용성 물질이 함께 용출되며, 제품이 스펀지화하기 쉽다.

농축 공정

가. 원리

끓는점을 이용하여 식품 중의 수분을 제거해 용액 농도를 높여 주는 조작이다. 건조와 농축 모두 수분을 제거하는 과정이나 수분 제거 후 식품의 형태가 고체인 경우 건조라 하고 액체인 경우를 농축이라고 한다.

나. 농축의 목적

(1) 건조 제품을 만들기 위한 전처리

(2) 용질 성분의 분리

(3) 잼과 같이 농축에 의한 새로운 물성과 풍미 부여

(4) 제품의 보존성 및 저장성 향상과 동시에 수송 경비 절감

다. 농축의 종류

(1) 증발 농축 : 식품가공에서는 분무 건조, 드럼 건조, 결정화 공정을 실시하기 전에 액체를 예비농축하는데 보통 증발농축 방법이 많이 사용된다. 증발농축은 캔디, 캐러멜, 물엿, 글루코오스, 과즙, 설탕 등의 농축에 널리 사용된다. 일반적으로 증발농축하는 식품은 수용액이기 때문에 농축이 진행됨에 따라 수분이 제거되어 농도가 높아지고 점도가 상승하게 되어 열전달 효율 및 속도가 떨어지면서 공정시간이 길어지므로 온도에 민감한 식품은 품질이 저하될 수 있다. 따라서 점도가 높아질 때는 강제순환 장치를 설치하거나, 열에 민감한 식품을 농축할 경우에는 감압하여 끓는점을 가능한 한 낮추어 열손상을 최소화한다.

○ 증발 장치

- 회분식 팬 증발기 : 잼, 젤리, 수프 생산에 사용
- 진공농축장치 : 캔디, 캐러멜, 양갱 제조
- 수직 단관형 증발농축기 : 중간 정도의 점도를 가진 액체 농축에 효과적이며 물엿, 글루코오스, 과즙, 설탕 등을 농축

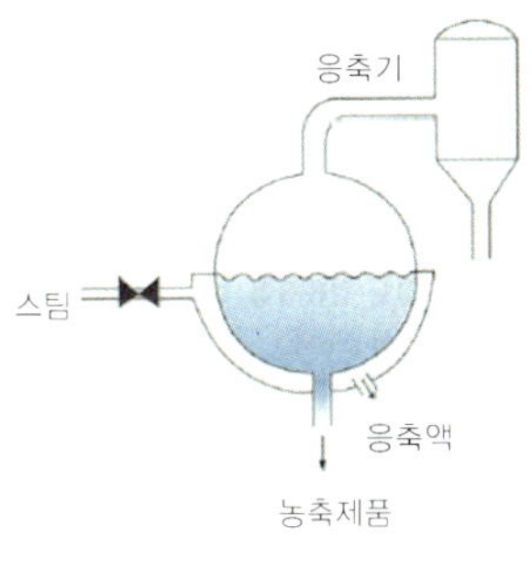

〈그림 1-7〉 회분식 팬 증발기

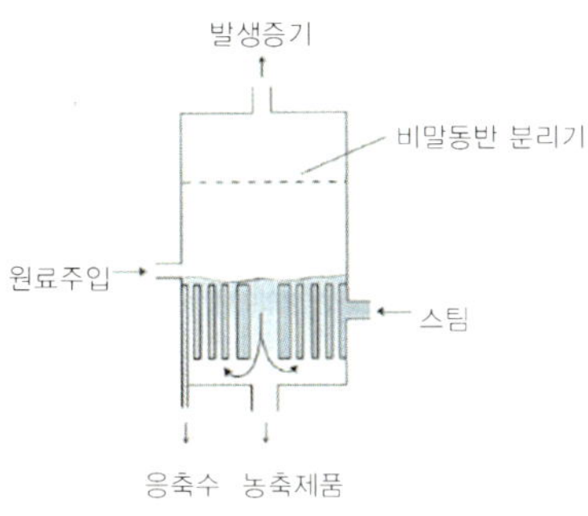

〈그림 1-8〉 수직 단관형 증발농축기

(2) 냉동 농축

냉동 농축은 수용액 중의 일부 수분을 얼음결정으로 석출시킨 후 이것을 액체상으로부터 분리하여 용액을 농축하는 방법이다. 즉 수용액을 어는점 이상으로 냉각시키면 염, 향기성분, 당분, 단백질 및 지방질이 거의 함유되지 않은 순수한 얼음결정이 형성된다. 따라서 용액으로부터 얼음결정을 분리하면 고형분 농도가 높은 농축 용액을 얻을 수 있다.

냉동농축은 낮은 온도에서 실시하므로 특히 열에 민감한 물질의 농축에 적합하며 향기 성분이 보존되는 장점이 있지만 농축할 수 있는 농도에 제한이 있다.

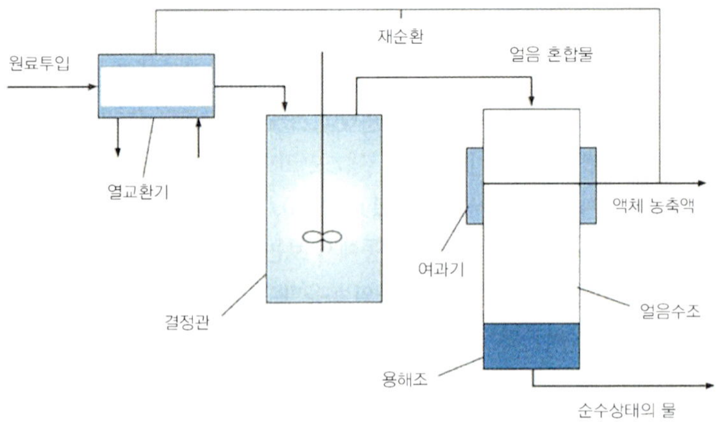

〈그림 1-9〉 냉동 농축 장치

식품 살균

가. 열적 특성

열처리는 식품가공 · 저장에 서용되는 가장 중요한 공정의 하나로서 열처리의 주요한 장점은 다음과 같다.

- 식품의 영양 저해성분(트립신인히비터, 아비딘) 파괴
- 영양성분 이용성 개선 : 전분 호화(糊化), 나이아신 결합 완화
- 가공조건의 단순화

그러나 이러한 장점 이외에 영양성분, 색소, 조직, 향미성분 등의 파괴 또는 손실도 있다. 따라서 장점을 최대화하고 부정적인 변화를 최소화하기 위해서는 각 식품에 알맞은 열처리 공정을 선택하여야 한다.
식품의 열처리는 열원으로부터 식품까지 적당한 열량을 적당한 속도로 전달해 주어야 한다. 이러한 열의 이동관계를 열전달이라고 하며 전도, 대류, 복사의 세 가지 열전달 방식이 있다.

(1) 전도
온도차가 있는 서로 접한 영역 간에는 상이한 열적 운동을 하는 분자 간에 에너지가 전달되는데, 이를 전도(〈그림 1-10〉의 a) 라고 한다.
전도는 열이 물체 내를 이동하는 현상으로 직접 식품으로 전달되는 특징이 있다. 열은 고온의 물질에서 저온의 물질로 흐르며 고체 식품의 경우에는 열이 분자-분자 사이에 흐르므로 열이 균일하게 전달된다. 곡류, 채소류, 육제품, 두부, 고추장과 같은 고체나 반고체 식품에서의 열전달도 대부분 전도에 의해 이루어진다.

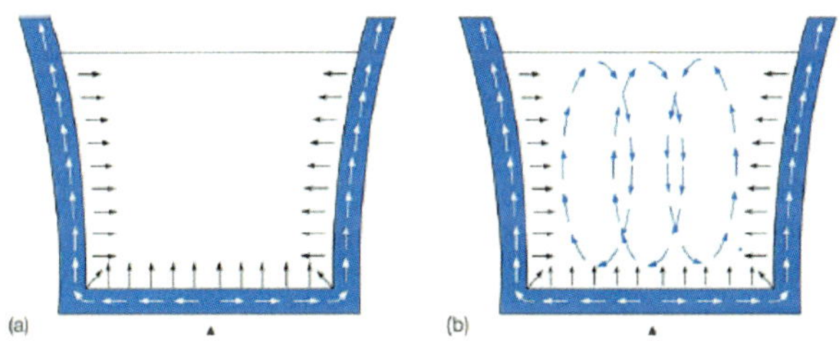

〈그림 1-10〉 전도(a)와 대류(b) 열전달 모형

(2) 대류
대류는 열에너지를 가진 물질이 어떤 장소에서 다른 장소로 이동하면 물질과 동시에 열이 이동하는 현상이다(〈그림 1-10〉의 b). 액체 식품의 대류 현상은 식품의 성

질, 식품의 유동상태, 열전달 부분의 형태 등에 따라 다르다. 보통 액체와 기체 제품에서는 대류에 의해, 고체와 액체 식품에서는 전도에 의해 열전달이 적용된다. 예를 들어 주스 또는 음료에서의 열전달은 주로 대류에 의해 일어나지만, 수프 또는 스튜 같은 고체 덩어리가 함유된 액체 식품은 대류와 전도에 의해 식품 내부의 열이 전달된다(그림 1-11).

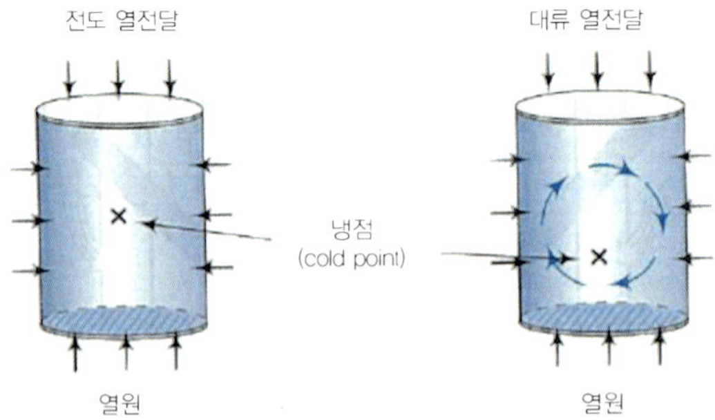

〈그림 1-11〉 통조림 식품의 열전달 모형

(3) 복사

열량을 가진 모든 물체는 0.1~100㎛의 파장을 가진 열파를 발생하는데 이 파장이 물체의 표면에 닿으면 물체에 흡수되어 열이 발생하게 된다. 이러한 열전달 방식을 복사라고 한다.

복사 현상을 이용하여 만든 기기 중 식품과 관련 있는 것으로 전자레인지가 있다. 전자레인지는 마이크로파를 이용한 식품 조리기구이다.

마이크로파를 이용한 식품 가열처리의 장점은 식품 내부를 균일하고 신속하게 가열시키므로 표면이 타거나 갈변 현상이 일어나지 않는다. 또한 전자레인지는 식품 각각의 조리에 있어서 온도 상승으로 인한 비타민 파괴와 손실을 감소시킬 수 있다.

나. 식품의 열처리

식품가공저장에서 열을 사용하는 일반적인 목적은 식품을 조리하여 식미감을 증가시키고 데치기, 저온살균, 멸균 등을 통하여 식품의 저장성을 증가시키며 식품 위해

물질을 제거하는 데 있다. 실제로 식품을 가열하는 데 있어서 어떠한 열처리 방법을 사용할 것인가는 식품의 종류, 경제성, 식품의 물성 등에 따라서 결정된다.

(1) 조리

식품학에서 정의하는 조리는 미생물 사멸 또는 생육 억제와 효소 불활성화, 위해물질 파괴, 색, 풍미, 조직의 변화 유도, 소화성 향상 등을 수단으로 실시한다. 그러나 조리 중에는 영양성분의 파괴와 손실, 관능적 특성의 변화 등이 동시에 일어난다.

(2) 데치기

데치기는 채소 또는 과일을 뜨거운 물에 담그든가 수증기로 처리하는 조작으로 채소 또는 과일의 냉동, 건조 또는 통조림 하기 전에 행해진 열처리 공정이다. 데치기의 목적은 다음과 같다.

○ 효소를 불활성화시켜 가공 중에 일어나는 변색 및 변질을 방지
○ 식품 원료 중에 함유된 가스 배출
○ 원료 중의 성분에 의하여 통조림 또는 건조 등의 공정 중에 일어나는 외관과 맛의 변화 방지
○ 박피, 썰기, 절단과 같은 기본적인 공정을 쉽게 함
○ 조직을 부드럽게 하여 담기 조작을 쉽게 하고 살균 가열 시 부피 감소 방지
○ 불필요한 냄새 제거
○ 천연의 색 유지
○ 세척 효과

그러나 열에 민감한 비타민의 손실, 수용성 영양소 용출, 조직의 손상 등 바람직하지 못한 원인이 되기도 한다. 따라서 데치기를 하는 방법 및 정도는 식품의 종류와 사용 목적에 따라서 달라진다. 데치기 시간에 영향을 주는 요인은 다음과 같다.

○ 식품 재료와 종류
○ 식품 재료의 크기
○ 데치기 온도
○ 가열방법

상업적으로 가장 많이 사용되는 데치기 방법에는 뜨거운 물을 사용하는 열탕법(hot water blanching)과 포화된 증기를 사용하는 증기법(steam blanching)이 있다. 열탕

법은 식품을 70~100℃로 조절된 물속에 일정시간 동안 통과시킨 후 물을 분산시켜 냉각시키는 방법으로, 데치기 공정 중 식품 속의 수용성 영양분의 손실이 큰 단점이 있다.

증기법은 대기압 또는 더 낮은 압력의 포화증기를 식품에 통과시키는 방법으로, 열탕법보다 영양분의 손실은 적지만 세척효과는 다소 떨어진다. 일반적으로 엽채류처럼 부정형의 것은 열탕법이 적합하고, 근채류나 양송이처럼 크기나 모양이 균일한 것들은 증기법이 적당하다.

데치기의 핵심은 균일한 열처리와 손실의 최소화에 있다. 열처리를 균일하게 한다는 것은 식품 재료의 처리시간, 재료의 크기, 모양 등이 각기 다르기 때문에 쉬운 일이 아니다. 전통적으로 증기법은 식품 재료가 벨트상에서 층을 이루기 때문에 열처리가 균일하지 못한 경우가 많다. 즉 식품 중심부의 효소를 불활성화시키기 위해서는 온도-시간 관리가 중요하다.

일반적으로 증기법으로 데치기를 할 때 식품의 가장자리는 과도한 열처리로 인해 텍스처 등의 관능적 특성이 감소되며, 열탕법은 에너지 소모가 크고 사용 물량이 많은데, 이러한 단점을 개선하기 위하여 개발된 방법이 IQB(개별 급속 데치기, individual quick blanching)법이다. 증기법을 개선한 IQB법은 1단계에서 식품 표면의 효소를 불활성화시키기 위해 고온에서 처리하고, 2단계에서는 식품 중심부의 효소를 불활성화시키기 위해 적당한 유지시간을 갖는 것이다.

예를 들어 1cm 크기로 썬 당근을 데치기할 경우, 재래식 방법에서는 3분간 열처리를 하는 데 비해 IQB법에서는 25초간 열처리를 하고 50초간 유지시간을 갖게 된다.

(3) 저온살균

저온살균법(pasteurization)은 포도주를 50~60℃에서 가열하여 이상 발효를 방지한 프랑스의 미생물학자 파스퇴르(Louis Pasteur)의 이름에서 유래되었는데, 현재 이 방법은 우유 및 유제품·과일통조림과 병조림·과일주스·피클·맥주·포도주 등의 열처리에 이용된다. 고온살균(또는 멸균)은 식품 중에 존재하는 미생물을 완전히 사멸(멸균)시킨 것으로 'sterilization'이라 한다. 이에 대하여 저온살균은 병원성 미생물의 사멸이며, 부패미생물 전체를 사멸시키는 것은 아니다.

저온살균 시 가열시간과 온도는 매우 중요한데, 그것은 혼입된 미생물이나 부패 미생물의 종류와 내열성, 식품 재료의 열에 대한 민감성이 다르기 때문이다. 현재 우유에 사용되는 가열처리 방법을 보면 온도와 처리시간에 따라서 다음과 같은 방법이 사용된다.

○ 저온장시간살균법[batch pasteurization, low-temperature long-time(LTLT) pasteurization]; 62.5~65℃, 30분

○ 고온단시간살균법[high-temperature short-time(HTST) pasteurization]; 72~85℃, 15초 이상

(4) 고온살균

살균(sterilization)이란 용어는 생존 미생물을 사멸시키는 것과 관련된 용어이다. 그러나 완전 살균할 경우에는 열이 식품 재료의 많은 부분을 파괴하여 식품에 관능적·영양적 변화를 일으키므로, 이상적인 방법이라고는 할 수 없다. 따라서 식품가공 시에는 소위 상업적 살균(commercial sterilization)을 하게 된다.

이 방법은 명시된 유통기간 내에 어떤 부패 미생물의 생육 때문에 먹을 수 없거나, 어떠한 위해도 받지 않도록 유효적절하게 가열처리하는 것을 말한다. 우리나라 식품공전에서는 "살균이란 미생물의 영양 세포를 죽이는 것", "멸균이란 미생물의 영양세포와 포자를 모두 죽이는 것"으로 구별되어 있다.

상업적 살균을 행할 때에는 많은 가열조건들이 고려되어야 한다. 즉 식품의 종류, 상태, 성질, pH, 가열 후 저장방법, 미생물과 포자의 내열 정도, 산소 용해 정도, 용기, 오염된 미생물의 수 등이 살균 시간과 방법을 결정하는 데 매우 중요한 요소들이다. 그 밖에도 식품 재료가 고체나 액체인지 여부, 열전도가 좋은 것인지, 구성성분이 어떠한지 등은 가열시간과 온도를 결정하는 중요한 요인이 된다.

특히 살균조건의 결정에는 식품의 pH가 매우 중요하다. 일반적으로 통조림 식품은 pH에 따라 다음과 같이 분류한다.

○ 1차 그룹 : 저산성식품, pH 5.0 또는 그 이상, 육류식품, 해산물, 우유와 일부 채소

○ 2차 그룹 : 중산성식품, pH 5.0~4.5. 육류와 채소 혼합물, 스파게티, 수프, 소스

○ 3차 그룹 : 산성식품, pH 4.5~3.7. 토마토, 배, 파인애플, 기타 과일류

○ 4차 그룹 : 강산성식품, pH 3.7 이하. 피클, 자몽, 감귤류 주스

이 산도에 의한 분류에 있어서 가장 중요한 경계는 pH 4.5가 된다. pH값이 이 값보다 산성에서는 식중독을 일으키는 미생물 중에서 가장 내열성이 강한 Clostridium botulinum의 생장은 억제되므로 고온살균(heat sterilization)이 불필요하다. 그러나 pH가 4.5보다 알칼리성인 식품에서는 100℃ 이상의 고온에서 살균해야 한다.

다. 미생물의 사멸속도

미생물은 그 종류에 따라 일정한 생육 적온을 갖고 있기 때문에 이 적온보다 높은 온도에서 생육이 저해를 받거나 죽게 된다(표 1-2). 따라서 가열살균은 생육 적온보다 훨씬 높은 온도에서 실시한다. 가열이 되면 집단 중에서 열에 약한 개체부터 순서대로 사멸한다. 그 예로 대장균의 집단을 60℃에서 가열할 때, 집단 중에서 열에 약한 순서대로 사멸하게 된다. 즉 미생물의 사멸속도는 가열 초기 1분간에 전체의 50%가 사멸되면, 다음 1분간에는 나머지의 50%가, 또한 다음 1분간에는 그 나머지의 50%가 사멸되는 것과 같은 일정한 관계가 있다.

(1) D값

D값(90% 사멸시간, decimal reduction time)이라 하는 것은 이처럼 세균 수를 10분의 1로 감소시키는 데 필요한 시간이다.

D값의 단위는 시간으로 대개 분(min) 또는 초(sec)이며, 예로서 D_{121}=2.0 min과 같이 나타낸다. 여기서 121은 살균 온도 121℃를 뜻하는데, 통조림 살균 시 기준 온도로 사용하는 250°F에 해당되는 섭씨온도이다.

D값은 살균 대상이 되는 미생물의 내열성의 크기를 나타내는 지표로 사용된다. 즉 D값이 적으면 규정된 온도에서 살균 시간이 짧게 걸린다는 뜻이며, 반대로 그 값이 크면 살균 시간이 오래 걸린다는 뜻이다. 곰팡이·효모 및 비포자성 세균의 D값은 80℃에서 5초 정도이나, 내열성 고온 포자균은 121℃에서 5분 정도이다. 이처럼 D값은 미생물의 종류와 살균 온도에 따라 다르다(표 1-3).

〈표 1-2〉 식품가공 · 저장의 주요 살균대상 미생물의 내열 특성

미생물	생육적온 (℃)	내열성 포자유무	식품가공 · 저장상의 중요성
Streptococcus thermophilus	49	−	우유의 저온살균 도중에도 발육, 치즈 숙성에 관여함
Lactobacillus bulgaricus	49	−	락트산 제조
Lactobacillus delbruekii	55	−	발효액의 산성화
Salmonella typhi	37	−	식중독 유발
Bacillus calidolactis	55~65	+	우유의 응고
Bacillus thermoacidurans	45	+	토마토, 주스 등의 변패
Bacillus stearothermophilus	50	+	통조림식품의 변패
Clostridium nigrificans	55	+	통조림식품의 황화 변패
Clostridiumbotulinum	55	+	통조림식품의 변패, 맹독성 식중독 유발

〈표 1-3〉 주요 식품위생 및 변패 미생물의 내열성

미생물	내열성(D값)
Bacillus stearothermophilus	D_{121} = 4.5~5min
Clostridium thermosaccharolyticum	D_{121} = 3~4min
Clostridium nigrificans	D_{121} = 2~3min
Clostridium botulinum A와 B형	D_{121} = 6~12min
Clostridium sporogenes	D_{121} = 6~90min
Bacillus coagulans	D_{121} = 1~4min
Bacillus polymyxa	D_{121} = 6~30min
Bacillus macerans	D_{121} = 6~30min
Clostrium pasteurianum	D_{121} = 6~30min
Leuconostoc spp.	D_{121} = 0.5~100min
Lactobacilus spp.	D_{121} = 0.5~100min
Byssochlamys fulva	D_{121} = 1~2min
효모와 곰팡이	D_{121} = 0.5~100min

(2) Z값

D값은 D_{121}과 같이 일정 온도(121℃)에서 구해진 값이므로, 다른 온도에서는 적용할 수 없다. 그런데 균의 내열성은 온도가 높아질수록 감소한다. 따라서 D값을 다른 온도에 있어서 실험적으로 구하고, 이 값의 대수를 온도에 대하여 좌표를 정(plot)하면, 어떤 온도 범위 내에서 직선의 그림이 얻어진다. 이 경우 D값이 10분의 1로 되는 온도 범위를 Z값이라 한다.

Z값은 살균 온도가 121℃ 이외의 온도에서 살균하고자 할 때, 균의 D값과 함께 살균 시간을 결정짓는 중요한 인자이다. D값과 Z값만 주어지면 임의의 살균 온도에서의 살균 시간을 결정할 수 있다. <표 1-4>는 각종 미생물의 Z값을 보여주고 있는데, 대부분 10℃ 내외의 값을 갖는다. 그런데 가열처리 온도가 미생물에만 영향을 주는 것이 아니라 각종 식품성분 손실에도 영향을 준다.

〈표 1-4〉 각종 미생물의 내열성

미생물	D값(min)	Z값(℃)	관련 식품
Clostridium botulinum A	121℃에서 0.22	12	강낭콩
	121℃에서 0.22	7.7	완두콩
Clostridium botulinum B	121℃에서 0.22	11	강낭콩
	121℃에서 0.25	10.5	시금치
Bacillus stearothermophilus	121℃에서 4.2	11	아스파라거스
	121℃에서 3.9	10	강낭콩
Bacillus coagulans	121℃에서 0.07	10	유제품
Bacillus polymyxa	121℃에서 0.5	8.8	육류
Mycobacterium tuberculosis	82.2℃에서 0.0003	5.5	우유
Samonella spp.	82.2℃에서 0.0003	6.6	달걀
Lactobacillus spp.	82.2℃에서 0.0095	6.6	우유
효모와 곰팡이	82.2℃에서 0.0095	6.6	곡류

(3) F값

포장식품, 통조림 · 병조림 식품을 소정의 온도, 예를 들어 121℃에서 가열살균하는 경우 식품 내부의 온도는 시간이 경과함에 따라 점차 상승하며, 소정의 온도에 이르면 이 온도에서 일정 시간 가열이 계속된다. 또한 방냉시키는 동안에도 시간이 경과

함에 따라 서서히 온도가 낮아지게 된다. 따라서 미생물에 대한 살균효과는 소정의 온도에 이르기 이전에도 또한 그 이후에도 나타난다. 식품을 과도하게 가열하여 품질을 손상시키지 않게 하기 위하여, 이러한 살균효과를 무시할 수가 없다.

이러한 가열살균의 전 과정을 통한 살균효과는 대상으로 하는 특정한 세균의 D값과 Z값을 이용하여 일정한 방식으로 계산된다. 이때 전 과정의 살균효과의 총합을 나타내는 기준으로서 250℉(121℃), 1분간의 가열조건을 구하여 이것을 F값이라 한다. 일반적으로 121℃(250℉)인 기준 온도에서의 F값을 F_0로 표시한다. 예를 들어 어떤 조건에서의 가열살균의 전 과정을 통한 살균효과가 3F라는 것은 그 살균효과가 121℃, 3분간의 가열조건에 상당한다는 것을 나타낸다. <표 1-5>는 각종 통조림식품의 F0값이다.

참고로 가열 공정에서 사용되는 D값, Z값, F값 및 F0값을 <표 1-6>에 정리하였다.

〈표 1-5〉 각종 통조림 식품의 F_0값

통조림 제품	통조림 크기	F_0값
유아식품		3~5
토마토소스 콩		4~6
아스파라거스	All	2~4
그린콩	No.2	3.5
그린콩	No.10	6
닭고기	All	6~8
옥수수	No.2	9
옥수수	No.10	15
크림옥수수	No.2	5~6
크림옥수수	No.10	2.3
개사료	No.2	12
개사료	No.10	6
고등어	301 × 411	2.9~3.6
육류	No.2	6
녹색완두	No.2	7
녹색완두	No.10	11

〈표 1-6〉 가열처리 용어

용어	정의	표시(예)	설명
D값	일정한 온도에서 미생물을 90% 감소(사멸)시키는 데 필요한 시간	$D_{110℃}$=10분	110℃에서 미생물 90% 사멸시키는 데 필요한 시간은 10분
Z값	가열 치사시간을 90% 단축하는 데 따른 상승온도	Z=10℃	온도가 10℃ 상승하면 사멸시간이 90% 단축됨
F값	일정 온도에서 미생물을 100% 사멸시키는 데 필요한 시간	$F_{110℃}$=8분	110℃에서 미생물을 모두 사멸시키는 데 걸리는 시간은 8분
F_0값	250°F(121℃)에서 미생물을 100% 사멸시키는 데 필요한 시간	$F_{250°F}$=8분	250°F에서 미생물을 모두 사멸시키는 데 걸리는 시간은 8분

식품의 냉동

가. 식품냉동의 정의

식품냉동은 식품을 환경온도 이하의 온도에서 처리 및 저장하여 장기간 품질을 보존할 수 있도록 처리하는 조작을 말한다. 따라서 식품냉동은 크게 저장 전 환경온도 이하로 품온을 낮추는 조작인 냉동공정과 이를 저장하는 냉장공정으로 나눌 수 있다. 또한 냉동공정은 얼지 않는 온도 범위로 품온을 낮추는 조작인 냉각 처리공정과 어는 온도 범위로 품온을 낮추는 조작인 동결 처리공정으로 나눌 수 있다.

나. 식품냉동의 원리

(1) 식품 원료로서 농산물은 수확, 수산물은 어획, 축산물은 도살한 후에는 이것들이 살아 있을 때와는 다른 변화가 일어난다. 이와 같은 식품 원료는 사후에 숙성과 같이 일부 바람직한 현상이 일어나기도 하나 생체 시에 진행되던 미생물에 대한 억제기구가 파괴되고 그 기능이 저하하므로 미생물에 의한 작용의 시작으로 생물학적 요인(채소 및 과실의 증산 및 호흡 작용 등), 화학적 요인(산소 및 효소 반응 등) 및 물리학적 요인(빙결정 생성 등)에 의하여 품질 악변이 일어난다.

이와 같은 식품의 사후 변화는 저온저장에 의하여 억제 가능하고, 그 원리는 다음과 같다.

○ 청과물의 생물학적 변화 및 저온에 의한 억제

수확 후 청과물의 신선도를 유지하기 위해서는 반드시 증산작용을 억제(적정한 습도 유지, 방습포장 및 암소 유지)하여야 함과 동시에 호흡작용을 억제(공기조성을 호흡작용에 부적절한 조성으로 변화시키고 이어 저온저장하여 발열에 의한 호흡 촉진을 억제)하여야 한다.

그러나 청과물은 동결점 이하에서 동결 상태로 되면 보통은 조직의 변질이 크게 진행되어 이용에 제한을 받는다. 빙결점 이상에서도 아열대 과실과 같은 식품에서는 저온장해와 같은 생리기능의 이상 현상을 일으키는 것이 있다.

○ 식물의 물리학적 변화 및 저온에 의한 억제

식품은 빙결점 이상과 이하의 온도에 노출시키는 경우 증발과 승화와 같은 표면건조가 진행된다. 이와 같은 식품의 건조는 온도 강하에 따라 수증기압이 감소하기 때문에 늦어질 뿐만 아니라 빙결정의 생성으로 자유수가 감소함으로 인하여 수분활성이 감소되고, 미생물의 증식이 억제된다. 하지만 식품은 빙결정 이하에서 빙결정의 생성으로 자유수가 감소하여 수분활성이 감소함으로 인해 미생물의 증식 억제 효과가 있으나, 이로 인하여 염류 농도가 증가해 단백질 변성과 지질산화 등이 일어나 품질 저하가 야기되기도 한다.

○ 식품의 화학적 변화 및 저온에 의한 억제

지질의 산호, 색소의 퇴색, 선도 저하 등과 같은 화학반응 속도는 온도의 증감에 따라 온도계수(Q10)의 관계가 있으며 일반적으로 온도가 10℃ 저하하면 반응속도는 1/2~1/3로 저하한다. 따라서 식품을 저온저장하면 화학적 변화의 억제가 가능하다.

○ 식품의 미생물학적 변화 및 저온처리에 의한 억제

미생물은 식품을 5℃ 이상의 온도에 저장하는 경우 적정온도의 범위에서 작용을 하여 시간의 경과와 더불어 식품의 변패에 관여한다. 그러나 미생물과 효소, 해충들은 특수한 경우를 제외하고 5℃ 이하에서는 증식이 곤란하다.

이상과 같이 식품 저장 중의 품질저하는 생물학적, 물리학적, 화학적, 미생물학적 과정이 단독 또는 복합적으로 관여하고 있다.

그러나 채소나 과실 등과 같은 생체 식품에서는 생물학적 과정에 의한 영향이 가장 크며, 어육 및 축육 등과 같은 비생체 식품에서는 화학적 및 미생물학적의 양 과정에 의한 변화의 영향이 크다. -10℃ 이하의 동결 상태에서는 생물학적 및 미생물학적인 양 과정의 진행은 실질적으로 정지하지만, 물리학적 및 화학적인 양 과정의 경우 억제는 되지만 정지되지 않고 서서히 변질이 진행한다.

다. 동결현상과 관련 용어

(1) 빙결점

빙결점은 대상 물체의 품온을 강하시키면 빙결정이 생성되게 되는데, 이 빙결정이 처음으로 생성되는 온도, 즉 얼기 시작하는 온도를 말한다.

(2) 식품의 공정점

식품 중의 수분은 순수한 물이 아니고 각종 염류나 당류가 녹아있는 용액 상태로 되어 있다. 이와 같이 식품 중의 수분이 완전히 동결되는 온도를 식품의 공정점이라 한다. 식품의 공정점은 그중에 녹아 있는 염류의 공정점에 의해 좌우된다.

(3) 과냉각 현상

과냉각 현상은 냉각 대상물체가 빙결점에 도달하여도 빙결정이 석출되지 않고 더 저온으로 내려가야 빙결되는 현상을 말한다. 그러나 과냉각 현상은 불안정한 상태이므로 빙결할 수 있는 조건 즉, 빙결점 이하의 온도 및 충격 등이 가해지면 단시간에 과냉각 상태가 파괴되어 갑자기 품온이 동결점까지 상승하고 빙결정이 석출된다. 동결 중에 이러한 현상은 관찰되지 않더라도 반드시 발생한다.

(4) 식품의 동결률

식품 중에 동결된 수분 함량은 온도를 빙결점 이하로 낮출수록 증가한다. 동결률은 임의의 품온에서 동결 전 수분 함량에 대하여 동결 후 식품 내에 빙결량이 차지하는 중량비를 말한다.

(5) 최대 빙결정 생성대

식품을 동결하는 과정에서 빙결정이 최대로 생성되는 온도대를 말하며, 일반적으로 동결점(-1℃인 경우)에서 -5℃ 사이를 말한다. 이 온도대에서 식품의 최대 빙결정 생성대에서는 수분 함량의 약 80%가 빙결정으로 석출되므로 동결 식품의 품질에 큰 영향을 미친다.

(6) 빙결정

○ 식품을 동결할 때에 발생하는 빙결정은 크기, 수, 모양, 분포 등에 따라 품질에 영향을 미친다.

○ 빙결정 핵 : 빙결정이 생성되기 위하여 필요한 최초의 핵을 말하며, 일반적으로 생선 식품에는 조직 내에 미소 부유물이 많이 있으므로 빙결정 핵이 쉽게 형성되고, 빙결정은 이것을 중심으로 하여 성장한다.

○ 빙결정의 크기 및 수 : 식품을 동결하는 경우 식품 내의 액체가 냉각되어서 상태 변화를 하면 냉각속도에 따라 빙결정의 크기와 수가 달라진다. 급속동결은 식품 내에 빙결정 핵이 많이 생성되지만, 그 핵이 성장할 여유가 없어 소립다수의 빙결정이 생성되므로 빙결정에 의한 조직 손상이 적다. 그러나 냉각속도가 늦은 경우 빙결정 핵의 생성은 적으나 주변의 물이나 증기가 부착할 여유가 있고, 이로 인하여 대립소수의 빙결정이 세포 외에 생성되므로 빙결정에 의한 조직 손상이 많다.

○ 빙결정의 분포와 위치 : 빙결정은 세포 내외에 생성되는데, 미세한 빙결정이 세포 내외에 분포하는 경우는 대형의 빙결정이 세포 외에 분포하는 경우보다 조직에 미치는 영향이 작다. 일반적으로 빙결정의 위치는 최초의 경우 세포 외에 생성되지만(세포 내보다 세포 외의 농도가 엷음), 급속 동결을 하게 되면 세포 내외에 소립다수의 빙결정이 생성되고, 완만 동결을 하면 세포 외에 대립소수가 생성된다. 그러나 빙결정의 생성 형태에 영향을 주는 것은 단순히 동결 속도라는 물리적인 조건만이 아니고, 원료의 생물학적 요인 및 선도의 차이 등도 관계하므로 대단히 복잡하다.

○ 빙결정의 성장 : 식품 냉동 중 동결속도의 차이(식품의 표면에서 중심으로 향할수록 늦어짐)와 육조직의 차이에 의하여, 크기가 다른 빙결정이 생성되면 작은 빙결정은 소실되고 큰 빙결정은 점점 증대되는 현상을 말한다.

라. 식품의 동결 저장법

(1) 식품의 품질을 저하시키는 원인은 ① 식품 자체의 효소에 의한 분해 ② 세균 및 곰팡이 등의 미생물에 의한 분해 ③ 산화 등의 화학적 반응에 의한 것 ④ 건조 등의 물리적 작용에 의한 것 등과 같이 크게 4가지로 분류된다. 이들 4가지 사항 모두가 품온을 내리면 그 작용이 완만해져 품질 저하 속도가 상당히 억제된다.

(2) 축육, 어육, 가공식품 및 조리식품과 같은 식품은 대체로 품온이 낮을수록 품질 변화가 늦어지는 극히 간단한 관계를 가진다. 따라서 이러한 식품에서는 단기 저장을 위하여 품온을 식품의 빙결점 이상으로 보존하는 냉각 이외에 장기저장을 위하여 동결을 이용할 수 있다. 식품의 동결 저장에 대하여 국제냉동협회에서는 -18℃ 이하의 온도에서 저장하는 심온 동결 저장을 권고하고 있다. 그리고 식품의 동결저장을 위한 장치는 일반적으로 품온유지를 위하여 급속 동결과 심온 동결이 가능해야 하고, 비용을 낮추기 위하여 가동률을 높일 수 있어야 하며, 동결 작업 시에 에너지 절약이 가능해야 하고, 위생적인 작업이 가능한 것이어야 한다.

○ 공기 동결법

일반적인 동결법으로 방열을 한 냉각실 내에 냉각관을 선반 모양으로 조립하고, 그 위에 식품을 넣은 다음 동결실 내의 정지한 공기 중에서 동결하는 방법이나, 일반적으로 이 정도만으로는 냉각이 불충분하여 천장에 냉각관을 돌려서 공기의 온도를 -25~-30℃ 정도가 되도록 한다.

다른 동결법에 비하여 동결장치가 간단하고, 식품의 모양에 구애됨이 없이 적용이 간단하며 동결품의 제조에 응용하는 경우 대량처리가 가능하다는 장점이 있으나 식품의 냉각이 일부분은 냉각관을 통하여 이루어 지는 반면 대부분은 열용량이 적고 열전도가 나쁜 공기를 통하여 이루어지므로 동결속도가 늦어 다른 동결법에 비해 완만 동결된다는 단점이 있다.

○ 송풍 동결법

동결실이 상자 터널형이며 식품을 트레이나 컨베어 위에 넣어 식품 표면에 차가운 냉풍(-40~-30℃)을 팬으로 순환(3~5 m/sec)시켜 단시간에 동결하는 방법이다.

공기 동결법에 비하여 동결 속도가 신속한 장점이 있으나 송풍에 의하여 건조 및 산화도 신속하다는 단점이 있다. 그러나 송풍동결에 의한 건조 및 산화의 경우도 실용적인 면에서는 문제가 없다.

○ 접촉식 동결법

냉각된 냉매 또는 염수를 흘려 금속판을 냉각(-40~-30℃)시킨 후 이 금속판 사이에 원료를 넣고, 양면을 밀착(압력 0.1~0.2 kg/㎠)하여 동결하는 방법이다. 급속 동결이 가능하고 동결품의 모양이 일정하며 동결장치의 면적이 작다는 큰 장점이 있으나 식품의 형상 및 치수에 제한을 받고, 조작이 번거로운 단점이 있다.

○ 침지식 동결법

2차 냉매 중에 식품을 침지하여 동결하는 방법으로 초기에는 포화식염수를 -16℃ 정도로 냉각하여 그 용액에 수산물을 직접 침지하여 동결하는 방법으로 고안되었다. 식염이 식품 내에 침투할 수 있고, 식염수에 의하여 식품이 오염될 우려가 있는 등의 결점으로 널리 이용되지 못하였다. 최근에는 방수 및 내한성이 있는 포장재가 개발되어 이 포장재로 식품을 밀착 포장하여 침지액에 침지시키면 이러한 단점을 보완할 수 있어 급속 동결방법으로서 그 가치를 새로이 인정받고 있다.

○액화가스 동결법

식품에 직접 액체질소와 같은 액화가스를 살포하여 급속 동결하는 방법으로 새우, 반탈 각굴 등과 같은 고가의 IQF 제품 등에 한정적으로 이용되고 있다.

○유동층식 동결법

컨베어 없이 유동하면서 동결되는 방법으로 농산물에 가장 많이 이용되는 방법이다. 입구에서 투입된 원료가 다수의 구멍에서 분출되는 냉풍(약 -35℃)에 의해 유동되면서 동결하므로 냉풍과 원료의 접촉 면적이 넓어져 급속 동결된다.

완두콩, 옥수수, 강낭콩, 당근 및 인삼 등과 같이 유동화가 가능하고 비교적 소형으로 형상이 균일한 식품에 효과가 있다. 원료 표면에 얇은 빙의가 형성되어 내부의 수분 증발을 막아 동결 중 감량이 적고, 급속동결 및 심온 동결되어 해동 후의 품질이 좋다.

마. 식품의 동결 저장 중의 품질 변화

(1) 조직구조의 변화

동결식품을 해동하면 제품의 종류에 관계없이 드립이 많고, 육질이 다공질상으로 되어 소비자들로부터 미동결 식품에 비하여 저급품으로 인정받는다. 이와 같은 현상은 단백질이 변성을 하여 보수력이 떨어지기 때문이고 기계적 손상설, 세포파괴설 및 기체분리 팽창설과 같은 조직의 구조적인 변화와 탈수손상설, 염석설, pH 변화설, 단백질 변성설 및 결합수의 동결에 의한 분리설과 같은 교질 구조적인 변화 등으로 설명하고 있다.

(2) 색소의 변화

채소에 많이 함유되어 있는 클로로필은 정상적인 경우 비교적 안정적이나, 손상을 받은 다음 저장 중인 경우 chloro-phyllase 등과 같은 효소에 의하여 서서히 분해돼 녹색을 상실한다. 그러나 손상을 받은 채소류의 경우도 동결과 같은 저장처리 전에 데치기를 실시하는 경우 효소가 불활성되고 동시에 단백질과 약한 결합을 하고 있던 클로로필이 유리되고, 또한 가열에 의하여 생성되는 유기산에 의해 클로로필이 pheophytine으로 분해되어 동결 저장 중 클로로필의 변색이 억제된다.

(3) 승화

동결 저장 중인 식품은 냉각기에 의해 냉각되어 소정의 온도로 유지한다. 그러나 식품은 외부에서 침입하는 열 및 실내 전등, 작업원의 발생열 때문에 냉각기와의 온도차로 포화 수증기압 차가 생겨 승화가 발생하게 된다.

(4) 프리저 번과 오일 번

○ 프리저 번

- 동결 저장품은 건조 항에서 설명한 바와 같이, 저장실 내의 냉각기와 식품표면과의 온도차로 인하여 표면의 얼음이 승화하는데, 표면의 승화가 점점 진행하여 당공성으로 되면 산화를 받기 쉬워 변색 및 지질 산화가 현저하게 진행된다.
- 이와 같이 동결저장 중에 표면이 불에 타서 갈색으로 진행된 것과 동결저장 중 식품이 갈변한 것을 프리저 번이라 한다. 프리저 번이 일어난 식품은 풍미 성분이 나빠져서 맛이 없고 색소는 산화되어 황갈색으로 변하며, 떫은맛을 띠고 단백질도 변성하여 육질은 바삭바삭하게 되는 등 식품의 가치가 없어진다.

○ 오일 번

- 오일 번 현상은 주로 지질 산화가 주원인으로 동결품의 표면이 황갈색으로 되어 자극적인 맛을 나타내는 현상을 말한다.

○ 프리저 번이나 오일 번을 방지하기 위해서는 저장온도를 저온으로 하여 온도 변동 폭을 적게 하고, 글레이징 또는 방습성 포장재를 사용하여 보호 처리를 하도록 하며, 포장재를 사용할 때에는 밀착 포장을 하여야 한다.

(5) 드립의 발생

드립은 단백질의 동결변성으로 보수력이 결여되어 수분을 재흡수하지 못하고 유출시키기 때문에 발생하며, 이로 인하여 수용성 영양 성분이 손실되고 중량적 손실이 야기된다.

(6) 무기질의 감소

무기질 함량은 동결 중에 거의 변화가 없으나 해동 시에는 드립과 함께 유출되어 감소한다.

(7) 냄새의 이행

지질산화에 의한 산화취가 강한 식품과 마늘과 같은 냄새가 강한 식품을 혼재하여 저장하였을 때 마늘로부터 냄새가 옮겨와 이취가 발생하므로 주의하여야 한다.

바. 품질 유지를 위한 시간-온도 허용한도(T.T.T)

(1) 동결식품의 품질에 영향을 미치는 요인은 여러 가지가 있으나 특히 중요한 것은 저장기간과 저장온도이다. 이와 같은 동결식품의 품질과 저장시간 및 품온과의 관계를 나타낸 것이 T.T.T(Time Temperature Tolerance)이다. 동결식품의 저장조건에 따른 품질 저하량을 수량적으로 파악하여 품질유지기간을 추정하는 것은 중요한 일이다.

(2) 어느 온도에서 관능검사에 의해 품질저하가 인정되었을 때의 품질변화값을 1.0이라고 하면, 그 온도에서의 1일당 품질변화값은 '1.0 ÷ 품질유지기간'이 된다. 어느 식품의 저장·유통단계 중의 전체 품질변화값은 각 온도에서의 1일당 품질변화값에 저장기간을 곱하여 각 단계의 품질변화값을 구한 다음 모든 단계의 품질변화값을 합하면 된다. 이때 품질변화값이 1.0을 넘게 되면 그 식품은 관능적으로 신선하지 않다는 것을 의미한다.

(3) T.T.T 값의 의미

최종적으로 T.T.T 값에 따른 시간과 품온에 따른 품질내성을 판단하여야 하는데, 계산한 T.T.T 값이 1.0보다 큰 것은 소비자들이 품질변화를 인식할 수 있다는 것이고, 값이 1보다 작다는 것은 소비자들이 품질 변화를 인식하지 못할 가능성이 높다는 것이어서, 저장 및 유통이 잘되었다고 볼 수 있다.

사. 농산 냉동식품의 제조공정

(1) 채소류

○ 냉동채소는 냉동식품 중에서 가장 널리 소비자에게 이용되고 있으며, 그 생산량도 제일 많다. 미국 시장에서는 냉동채소 중에서 냉동감자 제품의 생산량이 가장 많고, 그 다음으로 녹두 · 옥수수 · 브로콜리 · 완두콩 · 시금치 등이 많다. 냉동채소가 냉동과실보다 소비자에게 선호되는 이유는 채소의 우수한 품질이 다른 가공방법보다 냉동에 의하여 가장 잘 유지될 수 있기 때문이다. 최근 들어 단순한 냉동채소보다 채소를 주원료로 한 각종 냉동조리식품을 개발, 편리성을 더하여 소비자의 환영을 받고 있다.

○ 브로콜리

- 손으로 수확하여 커다란 나무통에 넣어 냉동공장으로 수송된다. 이 채소는 아주 빠르게 품질이 손상되기 때문에 수확 후 물을 뿌려 품온을 떨어뜨리거나 수송용기에 얼음을 넣어 냉각시키는 것이 중요하다. 브로콜리를 실온에서 단시간 보관하여도 꽃이 피기 시작하고 색깔이 노랗게 변한다.
- 공장에 수송된 원료는 컨베이어 벨트에 옮겨져 분류작업에 들어가는데 상처 입은 것, 꽃이 핀 것, 벌레 먹은 것 등을 제거한다. 온전한 브로콜리는 적당한 길이로 줄기를 절단해 내고 화경을 1~2조각으로 분리하여 균일한 형태로 만든 다음 물로 세척하여 흙이나 먼지를 제거한다.
- 세척한 브로콜리를 96~99℃의 열탕에서 2~3분간 또는 수증기 중에서 3~4분간 데치기 한 다음 냉각수에 냉각한다. 데치기한 브로콜리를 소형 종이 상자에 넣어 포장한 다음 접촉식 판상냉동기에서 급속냉각하여 조직의 파손이 적도록 한다.

○ 당근

- 여러 가지 형태의 것이 있지만 가장 많은 형태는 다이스 형태이다. 당근만으로 만든 것은 가정용은 없으며, 대부분 외식산업용으로 이용된다.
- 원료는 붉은 색택이 강하고 육질이 균일하게 연하고 풍미가 양호한 것이라야 한다.
- 공장에 도착된 당근은 침지탱크에 담가두어 묻어 있는 흙이 잘 세척될 수 있도록 한다. 세척된 당근은 각각 통당근, 절편당근, 다이스 당근으로 냉동한다. 컨베이어 벨트에 일렬로 정렬된 당근은 회전 칼에 의해 머리와 꼬리 부분이 절단되고 다듬

어진 당근은 알칼리 박피 또는 기기로 박피한 후 절단기를 사용하여 다이스나 절편으로 절단한다. 이것을 열탕에서 2~8분간 데치기한 다음 냉각수에 담가 냉각한다.

- 당근 다이스나 절편은 유동층식 냉동기나 초급속 냉동법으로 IQF 제품으로 냉동되며, 냉동된 제품은 -1℃로 유지된 실내에서 크기 선별을 하여 직경에 따라 소·중·대로 구분한다.

○ 시금치

- 원료는 선녹색이며 연하고 풍미가 양호한 것으로 품종은 여러 종류가 사용되고 있으며, 춘작과 추작이 있다. 수확 후 신속하게 공장에 반입하여 가공할 때까지 변질이 없도록 주의하지 않으면 안 된다.
- 가공공정 : 뿌리·고엽 제거 → 블랜칭(열탕에서 40~60초, 잎은 15~30초) → 수냉 → 탈수 → 블록 동결 → 포장 → 동결저장
- 해동 시에는 kg 단위의 블록 동결을 하므로 보통 2단 해동을 한다. 즉 냉장고 내에서 저온 해동하는 방법과 청결한 곳에서 자연해동을 하는 방법, 포장된 상태로 유수해동을 하는 방법이 있고 반해동 후 열탕해동을 하고 유수로 급랭한 후 탈수한다.

○ 호박

- 40g 정도로 절단 후 동결한 것으로 대부분이 가정용으로 이용되고 있다.
- 원료는 보통 서양호박이라고 하는 품종으로 다수확, 병충해의 내성이 강하며 육질이 양호한 것이라야 한다. 완숙된 호박은 수확하여 통풍이 양호한 냉소에 저장한다.
- 가공공정 : 세척 → 6등분으로 커트(보통 40g 내외) → 블랜칭(증기, 16~17분) → 냉각(냉풍) → 동결 예냉 → 동결 → 포장 → 동결저장
- 해동은 외피는 품종 고유의 색택이어야 하고 3각이 아닌 4각형이어야 하며, 과육부는 등황색으로 규격이 대체로 일정하고 중심부까지 열처리가 되게 한다. 미숙한 것은 수분이 많고 과숙한 것은 당질이 과도하다. 증기해동은 동결상태로 증기함에 넣고 약 10분간 증기해동을 한다. 조미를 하지 않은 것의 가열 해동 시는 호박 두께의 1/2 정도 조미액이 침투되게 하고 약한 불로 찐다.

○ 스위트콘

- 제품의 형태는 세로로 절단한 것과 절단하지 않은 것, 전립형, 크림 등이 있다. 세로로 절단하지 않은 것은 주로 가정용으로 소비되고 절단한 것은 레스토랑 등에서 많이 소비되고 있다. 원료는 다수확 종류로 병충해가 적은 것, 적숙기가 길며 입자가 큰 것, 색택은 황녹색이고 고유의 향미가 양호하고 감미가 강할 것 등이며 숙도 또한 중요하다.
- 스위트콘의 당분은 급속히 전분으로 변하여 감미를 잃게 된다. 따라서 수확 후에는 될 수 있는 한 온도를 낮게 하여 공장에 반입한 후 서늘한 곳에 얇게 펴서 호흡열에 의한 변질을 방지하여야 한다.
- 가공공정 : 표피 제거 → 수세 → 절단 → 블랜칭(95℃에서 1~2분간) → 냉각 → 선별 → 개체동결 → 포장 → 동결 저장
- 원형인 경우는 외피를 벗겨낸 후 원축을 1 cm 정도 남기고 꼭지도 미결실 부분이 1 cm 이상 되면 입자가 있는 부분부터 절단한다. 절단 부분이 3 cm 이상 되면 1급품은 되지 못한다.
- 제품의 해동은 색택이 균일한 밝은 황색으로 향미가 양호하고 적당한 연질이어야 하며, 제품의 길이와 중량에 관한 규격도 있어야 한다.

(2) 과실류

○ 딸기

- 개체 동결한 것은 그대로 판매하지만 전립 또는 슬라이스한 다음 시럽을 가당하여 동결한 것도 있다. 잼 등의 가공원료나 아이스크림, 요구르트 등의 첨가물로 사용하기도 한다.
- 원료는 여러 가지의 품종이 이용되지만 여러 품종 중에서 믹스 · 주스용으로는 부적당한 것도 있다. 따라서 색택이 양호하고 향이 강한 것이 좋다.
- 가공 공정 : 세척 → 탈수 → 선별 → 개체동결 → 포장 → 동결냉장(변색 방지를 위하여 동결 전에 아스코르빈산을 처리한다.)
- 믹스·주스용은 생 딸기나 동결 딸기를 믹서에 넣고 적당량의 설탕이나 산미료를 첨가하여 동결한 것으로 딸기 소스를 만들 때에는 딸기 동결제품을 믹서에 넣고 일정량의 물과 설탕을 첨가 후 혼합하면 딸기 소스가 된다.

- 제품 해동의 경우에는 동결 딸기를 완전히 해동하면 과육이 연약하여 드립량이 많다. 따라서 딸기의 동결제품은 반 정도 해동한 후 이용한다. 가당하여 동결한 것도 마찬가지로 완전히 해동 후 이용하는 것이 좋다.

○ 귤

- 귤의 동결품은 외피와 함께 동결한 제품이 많지만, 과피를 제거한 과립만의 귤 드롭도 있고, 또는 딸기와 같이 믹스·주스용으로 동결한 제품도 있다.
- 원료는 주로 보통 온주귤이 많이 사용되고 각 계통의 귤이 있으나 조생온주귤이 품질이 좋다. 숙도는 발색이 양호한 적숙과가 많이 이용된다.
- 가공 공정 : 세척 → 탈수 → 개체동결 → 그레이징(빙의) → 포장 → 동결 냉장 건조(외과피의 갈변을 방지하기 위하여 그레이징을 얇게 하는 것이 좋다.)
- 제품 해동의 경우에는 동결 귤을 하절기에 해동하는 장소에서 소비자에게 판매하기도 한다.

○ 과즙

- 과즙의 동결품은 온주귤과 하절기 귤을 중심으로 감귤류가 대부분을 차지한다. 그 외는 포도즙, 사과즙, 복숭아즙이 있다. 그리고 포도, 파인애플, 딸기류 등의 혼합과즙도 동결제품으로 생산되고 있다. 특히 이들은 냉동농축과즙이라 하며, 통상 진공 상태에서 농축하며 회수된 생 과즙에 향기성분을 가하여 10 ℃까지 급랭시킨 후 용기에 넣어 -18℃ 이하에서 보존한다.
- 원료는 온주귤을 주원료로 하고 향미 개선을 위하여 하절기 귤이나 잡귤로 귤류를 브렌딩 하는 것이 보통이다 온주귤은 숙기에 따라 조생종, 숭생종으로 대별하고 당산비가 가능한 한 높은 품종 계통을 선택하는 것이 바람직하다. 온주귤의 과즙은 색택이 진하고 온화한 풍미를 가지고 있지만 향기가 다소 떨어진다.
- 가공 공정 : 선별 → 세척 → 착즙 → 펄프 제거 → 탈기 → 농축 → 브렌딩 → 냉각 → 회수방향분 또는 신선과즙 → 급속동결 → 충진 → 밀봉 → 동결냉장
- 상기공정 중 동결 전 즉, 농축과즙을 제조하는 곳까지는 통상의 경우와 다르기 때문에 세심한 것은 생략하고 중요한 사항만 하여도 좋다.
- 펄프 제거는 농축과즙겔화의 원인인 펜틱에스테라제 활성이 펄프질을 많게 하기 때문에 원심분리기를 사용한다. 농축은 통상증발법의 고온 단시간 농축법(HIST)으로 한다. 3분간은 당도 60% 전후까지 농축함으로 품질 변화가 많이 일어난다.

이것을 당도 45% 정도로 하면 향기는 회복되지만 신선과즙을 가하는 커트백법과 증발시켜 향기 성분을 포집하는 장치로 분리 회수하여 농축과즙에 첨가하는 에드백법이 있다.

- 최근에는 동결농축법이 실용화되고 있다. 이 방법은 신선과즙을 동결할 때 쓸 수 있지만 빙결품을 과즙 성분으로부터 물리적으로 분리하여 과즙을 농축하는 것이므로 향기의 소실이 적고 성분 변화도 무시할 정도이다. 또 삼투작용의 역방향의 힘을 작용시켜 상온에서 과즙으로부터 수분을 제거하는 역삼투 농축법도 검토되고 있다.
- 과즙의 동결은 공기의 혼입이 없는 연속식 동결장치가 사용되며, 이 장치는 2중 원통식의 열교환기로서 펌프에 의하여 이송된 과즙은 냉각원통에서 냉매와 열교환되어 냉각응고한 통에 부착한다. 이것을 스크레파로 분리시켜 과즙은 -4~-8℃의 슬러시 상태로 배출된다. 배출된 동결과즙을 피스톤 충진기로 18L 관에 충진 밀봉한다. 밀봉된 관은 터널식 동결장치를 통하여 -18℃ 이하로 냉각 동결 저장한다.
- 제품의 해동은 가정용 등 소량포장된 것은 표면만 해동하여 이용하고 적당량의 물을 혼합하여 해동하는 것이 좋다. 18L 관 또는 드럼 벌크로 동결된 것의 해동은 경제적인 방법으로는 통상 실온에서 자연해동하는 것이 좋다.

제2장

가공방법 및 저장

01 원료 식품별 가공방법

곡류의 가공

곡류의 주성분은 전분이며 쌀, 보리, 밀, 옥수수 등을 대표적인 예로 들 수 있다. 쌀, 보리와 같은 경우 도정하여 가열처리하여 식용하는 것이 보통이나 소화나 맛의 기호성을 높이기 위하여 팽화시키거나 잘게 분쇄하기도 한다.
밀은 제분공정을 거쳐 밀가루를 제조하며 옥수수에서는 전분과 옥수수유를 분리하기도 한다.

가. 도정

현미의 쌀겨층에는 단백질, 지방, 비타민 등이 많이 있으나 소화와 외관을 좋게 하기 위하여 과피, 종피, 호분층을 제거하는데 이를 도정(polishing)이라 한다. 이러한 도정을 거쳐 얻어진 알갱이를 백미(白米)라고 한다.
도정은 일반적으로 벼, 정선, 제현, 현미분리, 현백, 쇄미분리, 백미 순으로 이루어지며 도정 과정에서 일부 영양성분의 손실이 발생한다.

(1) 도정도, 도감률

도정의 정도는 쌀겨층의 벗겨진 정도에 따라 나타내는 도정도, 현미에 대한 백미량을 백분율로 나타낸 도정률과 도감률로 나뉜다.
도정도는 표준시료와의 색을 비교하여 정하거나 염색법으로 판단한다.

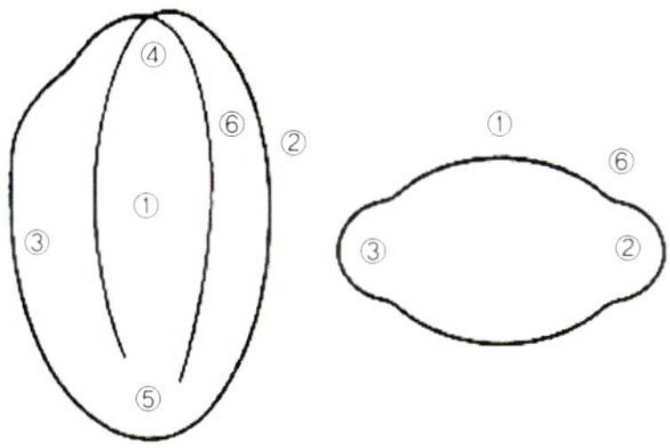

〈그림 2-1〉 쌀알 각부의 명칭

〈표 2-1〉 도정도와 쌀겨층의 벗겨진 정도

도정도	벗겨진 정도	도정률(%)
현미	도정이 이루어지지 않은 상태	0
5분도미	측면부의 겨층이 어느 정도 벗겨진 정도	96
7분도미	배부 겨층이 완전히 벗겨진 정도	94
10분도미(백미)	고랑의 겨층이 완전히 벗겨진 정도	92

〈표 2-2〉 도정률과 도감률의 정의와 계산법

	정의	계산법
도정률	도정된 정미량이 현미량의 몇 %에 해당하는지를 나타내는 방법	$\text{도정률} = \dfrac{\text{도정정미량}}{\text{현미량}} \times 100$
도감률	도정에 의해서 줄어든 양, 즉 쌀겨, 씨눈 등으로 빠진 도감량이 현미량의 몇 %에 해당하는지를 나타내는 방법	$\text{도감률} = \dfrac{\text{도감량(쌀겨, 씨눈 등의 제거된량)}}{\text{현미량}} \times 100$

(2) 도정률 및 도감률에 영향을 미치는 인자

○ 쌀겨층의 두께

쌀겨층의 두께가 두꺼울수록 도감률이 높아지며, 미숙미는 도정 시 분쇄되어 도감률이 높아지지만 완숙미는 쌀겨층이 엷고 쌀알이 견고하므로 도감률이 낮다.

○ 쌀의 건조 정도

쌀의 건조시간이 짧을수록 도정이 쉬워져 겨층의 박리가 쉽고 쌀겨의 양이 많아지며 도정률이 높고 건조가 잘된 현미일수록 도감률이 낮다.

○ 저장과 도정 시기

현미의 건조상태가 적절치 않은 상태에서 저장되면 충해를 입을 수도 있으며, 싸라기가 많이 생겨 도감률이 낮아지고 저장기간이 길수록 도감률이 낮아진다. 계절에 따라 현미의 경도가 달라져 여름에 도정을 하면 도감률이 높아지고, 겨울에는 도감률이 감소한다.

나. 제분

밀로부터 외피와 배아를 제거하면서 배유만을 분쇄하여 밀가루를 생산하는 과정을 제분이라고 하는데 이는 밀의 분쇄와 분리로 나누어진다. 제분능력은 배럴(barrel)로 표시하며 1배럴은 1일 동안 22kg의 밀가루 4포대를 만들 수 있는 능력을 말한다. 보통 대형제분은 200~1,000배럴을 말하며 소형제분은 100배럴 이하를 일컫는다.

원료 밀 → 정선 → 조질(수분조절) → 정선 → 배합 → 조쇄 →

체질 → 분쇄 → 체질 → 밀가루 → 숙성 → 표백, 영양강화 →

포장 → 제품

(1) 조질

정선된 밀에 물을 가하여 교반하면서 연질소맥은 수분함량이 14.0~15.5%, 경질소맥은 16.5~17.5%가 되도록 조절하며 20~40분간 방치한다. 이때 저장중인 밀은 보통 12~13%의 수분을 함유하므로 물을 가할 시 적당한 수분함량을 갖도록 고려해야 한다.

$$\text{첨가해야할 물의 양} = \text{밀의 중량} \times \left(\frac{100 - \text{원료밀의 수분함량}}{100 - \text{목적하는 수분함량}} - 1\right)$$

(2) 분쇄

분쇄공정은 밀가루 제조에 있어 밀기울과 배유를 분리하는 공정을 말한다. 보통 소형제분에 있어서는 원추철구형과 충격형 제분기가 가장 많이 쓰인다.

○ 원추철구형

바깥 철구와 안 철구의 간격을 적당히 조절하여 밀알이 철구의 고랑 사이에서 회전으로 마찰되어 외피가 부스러지거나 압쇄되어 분쇄된다. 주의할 점은 밀기울의 일부가 부스러져 가루에 혼입될 수 있으므로 철구의 간격이 매우 중요하다

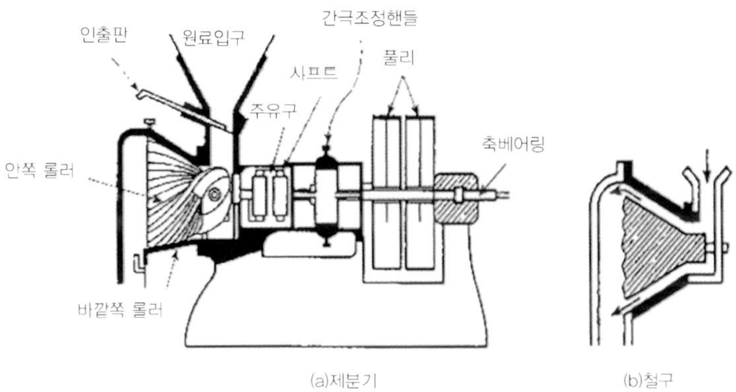

〈그림 2-2〉 원추철구형 제분기

○ 충격형

돌기가 있는 회전판이 같은 모양의 돌기가 있는 고정판의 안쪽을 회전하면서 발생되는 충격을 이용하여 분쇄가 된다. 단점은 밀기울도 같이 잘게 분쇄되어 밀기울과 배젖을 완전히 분리하기가 어렵다.

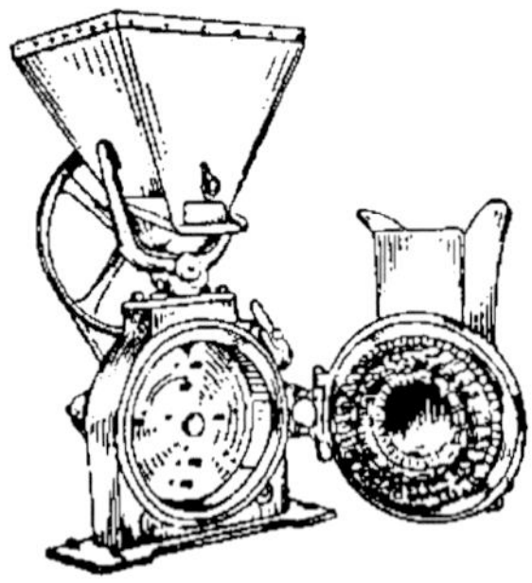

〈그림 2-3〉 충격형 제분기

(3) 사별 및 숙성

사별공정을 거쳐 곱게 분쇄된 배젖과 밀기울, 거친 배젖으로 분리되며 밀기울과 거친 배젖은 다시 분쇄공정을 거치게 된다. 숙성은 제분이 끝난 밀가루의 carotenoid계의 색소를 산화시키기 위하여 공기 중에 노출시키거나 산화제를 이용한다. 주로 쓰이는 산화제는 과산화질소(benzoyl peroxide, NO_3), 과산화벤조일($(C_6H_5CO)_2O_2$), 이산화염소(ClO_2), 브롬산칼륨($KBrO_3$), 염소가스(Cl_2) 등이 있다.

다. 제면

면류는 밀가루 글루텐의 점탄성을 이용하여 소맥분에 물과 소금을 넣고 반죽하여 성형한 것을 말한다. 면류는 원료에 따라 밀가루를 이용한 국수·라면·마카로니 등이 있고, 메밀가루를 이용한 메밀국수·냉면 등이 있으며, 옥수수나 고구마의 전분을 이용한 전분면(당면) 등이 있다. 면류는 제조방법에 따라 선절면, 압출면, 신연면으로 구분하기도 한다. 선절면은 밀가루를 반죽 후 압연하여 가늘게 잘라 건조한 것을 말하며 보통 국수의 제조에 쓰인다. 압출면은 압출기를 이용하여 제조한 것으로 파스타, 마카로니, 스파게티면, 전분면 등이 이에 속한다. 신연면은 인력이나 기계를 이용하여 면을 길게 잡아당겨 빼는 방법으로 제조하며 소면, 중화면 등이 속한다.

(1) 선절면

일반적으로 가장 많이 쓰이는 제조법으로 건면이라고도 불린다. 반죽된 밀가루를 압연하여 가늘게 자르고 수분함량이 14~15%가 되도록 건조시킨다. 조미효과와 밀가루의 점탄성 증진, 건조속도의 촉진, 미생물 제어를 위하여 원료에 소금을 3~4% 정도 첨가한다. 제조공정은 원료를 혼합한 후 압연, 연연, 선절, 건조, 포장의 순서로 진행된다.

○ 혼합 : 혼합기에 밀가루와 소금물을 넣고 약 10~15분 동안 혼합하고 물의 온도는 10℃(겨울)~15℃(여름)가 적당하다.
○ 압연 : 면대를 만들기 전 공정으로 반죽덩어리를 만드는 공정에 해당한다.
○ 연연 : 면대를 만드는 과정으로 반죽덩어리를 직경이 큰 롤러에서 직경이 작은 롤러로 보내면서 연연시킨다.
○ 선절 : 연연 공정을 마친 면대를 선절 롤에 넣어 연속적으로 면선을 끊어내는 과정이다.
○ 건조 : 선절된 생면의 수분 함량은 약 35% 정도인데, 이를 14~15%까지 건조시켜 완성한다.

(2) 압출면

압출면의 원료는 점탄성이 비교적 강한 강력분이 사용된다. 압출면은 종류가 가장 많고 대표적으로 마카로니, 스파게티면으로 사용된다. 마카로니의 제조 공정은 원료를 혼합하여 반죽하여 압출시킨 후 건조공정으로 구성되어 있다.

○ 원료 : 경질소맥 또는 강력분을 사용하거나 이들을 혼합하여 제품을 제조한다.
○ 혼합, 반죽 : 원료 밀가루에 물을 부어 수분함량이 31%가 되게 한 후 40℃에서 10~20분 교반하여 단단한 반죽을 만들고, 진공상태에서 압력을 가하면서 압출기를 통과시켜 반죽 내 공기를 제거한다.
○ 압출 : 반죽을 구멍이 뚫린 압출기에 통과시킨다.
○ 건조 : 압출된 마카로니의 수분함량이 약 30% 정도인데 이를 12% 정도가 되도록 건조하여 세균 및 곰팡이 등 유해 미생물의 번식을 억제시키는 과정이다.

(3) 신연면

신연면은 인력으로 신장시키는 수연소면과 기계소면으로 나뉘는데 일반적으로 신절면에 비해 글루텐 함량이 높은 밀가루를 사용한다.

라. 제빵

빵은 주로 밀가루를 사용하나 그 외에도 곡물의 가루에 여러 가지 부원료를 첨가하여 반죽을 하고 이산화탄소로 팽창시켜 구운 것을 말한다.

(1) 재료

○ 밀가루

제빵용 밀가루는 강력분(단백질 함량 13~14%)으로 흡수율이 높고 반죽시간이 길며 반죽하는 동안에 글루텐 형성이 잘 되는 것을 사용한다. 또한 이미(異味)나 이취(異臭)가 없어야 하며, 색은 희며 수분은 15% 이하, 회분은 가능한 한 적어야 한다.

○ 감미료

제과·제빵에서 보존성, 보습성, 감미, 안정제, 발효조절제 등 복합기능을 부여하는 기본재료로서 사용량은 2~4%이며 6% 이상 사용 시 부피는 작아지지만 빵 껍질의 색과 속살이 부드러워진다. 그리고 설탕의 농도가 높으면 삼투압이 높아져 발효가 억제되므로 설탕첨가량은 4% 정도가 적합하다

○ 유지

유지제품은 버터, 마가린, 쇼트닝 등이 이용되고 있다. 유지는 빵에 있어 부드러운 식감을 주며 맛, 풍미와 색을 개선시킨다. 사용량은 보통 밀가루의 1.5~2.0%가 가장 알맞다.

○ 소금

소금은 제품의 풍미를 향상시키고 반죽의 점성과 글루텐의 탄력성을 높여 반죽시간을 연장시킨다. 사용량은 보통 밀가루의 1.5~2.0%가 가장 알맞다.

○ 효모

효모는 반죽 내 당류를 대사하여 에탄올과 탄산가스를 발생시켜 빵을 부풀게 하고 다공질의 망상 구조를 만든다. 효모는 Saccharomyces cerevisiae로 건조효모와 압착효모가 있으며 주로 압착효모가 많이 쓰인다. 압착효모는 보통 60~70%의 수분을 함유하며 사용량은 2~3%가 표준이다.

○ 화학팽창제

보통 팽창제로는 베이킹파우더가 주로 사용된다. 베이킹파우더는 뜨거운 물에 반죽할 경우 굽기 전에 가스가 발생하여 빵이 잘 부풀지 않으므로 반드시 냉수로 반죽해야 한다.

○ 기타

유화작용과 부드러운 식감을 위해 계란이 사용되며 케이크 반죽의 점도를 상승시키기 위하여 한천(agar), 젤라틴, 알긴산나트륨, CMC(carboxy methyl cellulose), 메뚜기 콩검, 트라가칸트검, 구아검, 아리비아검, 카라기난, 펙틴 등의 안정제가 사용된다.

(2) 제조방법

제조방법은 반죽 방법에 따라 일반적으로 직접반죽법과 스펀지법으로 구분한다. 직접반죽법은 원료를 모두 한꺼번에 섞어서 발효시킨 후 구워내는 방법이며, 스펀지법은 사용한 밀가루의 70%에 효모 전량을 가해 반죽하여 발효시킨 후 나머지 밀가루와 부재료를 더하여 다시 반죽해 발효시켜 굽는 방법이다.

○ 배합 : 식빵의 일반적인 원료 배합은 밀가루에 비례하여 설탕, 소금, 지방질, 효모, 물 등을 첨가한다.

〈표 2-3〉 빵의 원료 배합의 예 (단위: %)

원료	직접반죽법	스펀지법	
		스펀지반죽	본반죽
밀가루	100	70	30
Yeast	2	2	–
Yeast food	0.2	0.2	–
소금	2	–	2
설탕	5	–	5
유지	4	–	4
물	56	38.8	17.2

○ 반죽

직접반죽법은 사용할 재료를 mixer bowl에 넣고 mixer의 속도를 처음에는 저속으로 혼합하다가 점차 중, 고속으로 한다. 반죽온도는 27℃가 되도록 하고 반죽이 윤기가 있고 부드러운 상태가 되도록 혼합한다. 직접반죽법은 스펀지법에 비해 발효시간이 짧아 시간이 절약되며 향기가 좋은 빵을 생산할 수 있다. 스펀지법은 밀가루에 물, 이스트, 이스트 푸드 등을 넣고 발효시킨 후 나머지 원료를 넣고 본 반죽을 하는 방법으로 시간이 오래 걸리고 노동력이 많이 걸리나 가볍고, 조직감이 좋은 빵을 얻을 수 있다.

○ 발효

발효는 글루텐과 효모에서 생성된 이산화탄소 가스에 의해 반죽이 팽창하는 공정으로 숙성 및 향미 증진 등의 목적으로 실시하는 발효 빵의 중요한 공정이다. 직접반죽을 1차 발효 후 가스 빼기를 하고 다시 2차 발효와 가스 빼기를 반복한다. 가스 빼기는 반죽 내부에 축적된 이산화탄소를 제거하여 효모 생육촉진, 영양공급, 반죽온도 조절 등의 효과가 있다.

○ 완성

가스 빼기가 끝난 후 재우기까지를 완성 공정이라 하며 나누기, 반죽공 만들기, 중간 재우기, 모양 만들기, 패닝(panning), 재우기 순으로 이루어진다. 나누기는 발효에 의해 부피가 계속 증가하는 것을 막기 위해 15~20분 이내에 완료해야 하며 최근에는 분할기를 이용하여 나누고 있다.

반죽공을 만든 후 중간 재우기를 하는데 이는 반죽공에 틈이 있을 시 신장성이 낮아서 쉽게 끊어지므로 30℃, 상대습도 75~85%에서 5~15분간 재워 신장성을 회복시키는 공정을 말한다. 모양 만들기 공정에는 늘리기, 말기, 굴리기, 봉하기 등의 공정을 하는데 이는 중간 재우기에서 형성된 가스를 빼내어 조직이 거칠어지지 않게 하기 위한 공정이다.

성형하여 빵틀에 넣은 반죽은 그대로 굽기를 하면 부피가 작고 기공과 조직이 거칠며 균열이 생겨 색이 진하게 되기 때문에 반죽을 다시 발효시키는 재우기 과정을 하여 부드러움과 신장성을 부여한다.

○ 굽기

반죽은 굽기 공정으로 부피가 증가하고 다공성을 갖게 된다. 굽기는 반죽의 크기, 배합, 발효상태, 제품의 종류 등에 따라 온도와 시간을 조절하는데 3단계를 거쳐 굽는 것이 이상적이다. ① 1단계 : 온도 상승에 의해 탄산가스 및 휘발성 물질이 기화하면서 반죽 내부가 급격히 팽창하며 글루텐이 응고하기 시작해 빵의 골격이 형성된다. ② 2단계 : 110~200℃의 온도에서 주로 빵 껍질의 색깔이 형성되면서 전분질이 호화된다. ③ 3단계 : 200~240℃ 온도로 가열되어 빵의 중심부까지 열이 침투하고 빵이 구워진다.

○ 기타 제빵법

- 액체발효법(liquid fermentation method) : 효모, 설탕, 소금, 효모먹이, 맥아 등에 물을 넣고 완충제로 탈지분유와 탄산칼슘 등을 넣어 2~3시간 발효시키는 방법으로 효모를 미리 예비 발효하여 사용하게 되므로 발효시간 단축 및 대량생산이 가능하다.
- 연속식 제빵법(continuous dough mixing method) : 액체발효법을 개선한 기계적인 방법으로 속식 반죽기로 반죽하여 발효한 후 오븐으로 이동시켜 짧은 시간에 제품을 생산할 수 있다.
- 속성 제빵법(no-time dough method) : 직접반죽법을 변형하여 발효시간을 현저히 줄이거나 발효시간을 주지 않고 산화제와 환원제를 사용하여 기계적으로 반죽을 형성하는 방법이다.
- 냉동 반죽법(frozen dough method) : 반죽의 발효를 일시적으로 정지시킨 후 필요에 따라 제품을 생산할 수 있는 방법으로 내부온도가 -4℃ 이하가 되도록 저장해야 하고 포장하여 -18~-29℃에서 8~12주 보관할 수 있다.

전분 제조 및 전분 가공

가. 전분 제조 원료

(1) 서류

서류는 단일과에 속하는 식물로서 분류하지 않고 식용작물로 분류하여 근채류로서 다루고 있다. 즉 지하경 및 근의 일부가 비대해져 괴경(감자, 돼지감자, 곤약, 토란) 또는 괴근(고구마, 참마, 카사바)을 만들고 이 부분에 다량의 탄수화물을 저장하는 작물을 총칭한다. 세계적으로 감자와 고구마가 가장 많이 생산되며 고구마는 감자의 1/3밖에 생산되고 있지 않다.

특징적으로 서류는 비교적 생산이 용이하고 단위면적당 에너지 생산력이 곡류보다 높다. 서류의 수분은 60~80% 정도이고 곡류 및 두류에 비해 저장성이 낮으며 전분 약 20%로 주성분을 이룬다. 그 외에도 다당류인 글루코만난(glucomannan), 이눌린(inulin) 등을 함유하며 식이섬유로의 가치가 인정되고 있다.

1) 고구마(Sweet potato)

남미, 페루 해안으로부터 기원전 1만 년의 탄화된 고구마가 출토되었으며, 고구마는 근채 농경문화의 중심인 안데스에서 작물로 발달되었고 기원전 1,000년경에는 폴리네시아 섬으로 전해졌다.

청과용은 적자색이고 육질은 황색이며 방추형으로 전분가는 높고 찌거나 굽거나, 튀겨서 이용된다.

원료용은 전분 및 알코올을 제조하는 것이 목적으로 전분가가 높은 것이 좋다. 가공용은 카로틴 함량이 많기 때문에 과자로 이용되고 있다. 사료용은 중국에서 가축사료로 이용되며 경엽 부분은 돼지의 사료로 이용된다. 채소용은 고구마의 잎과 줄기를 중국, 동남아시아에서 일상 채소로 이용하고 있다.

주성분은 당질로 전분 17~24%를 함유한다. 전분 중 아밀로스(amylose)와 아밀로펙틴(amylopectin)의 비는 품종에 따라 다르며 아밀로펙틴이 많은 만큼 증자시키면 점성이 강하게 된다. 그 외 덱스트린(dextrin), 설탕, 포도당을 함유하고 있다. 식이섬유는 물에 불용성인 것과 수용성인 것 두 가지를 다 가지고 있으며 전분함량과 식이섬유는 정의 상관관계가 있고, 강력한 β-amylase가 함유되어 증자 또는 저장에 따라 감미가 증가하는 것은 맥아당(maltose)이 생성되었기 때문이다. 고구마의 괴근을 절단하면 백색의 유액이 흘러나오고 이것은 당지질(jalapin) 일종의 수지 배당체이다.

2) 감자(Potato)

남안데스 산맥이 원산이며 페루, 칠레의 공원지대에서 오래전부터 재배되어 왔지만 16세기 말에 스페인인 Pisaro에 의해 아일랜드에 전해져 세계로 널리 퍼졌다. 감자는 일년생 초본이며 품종은 2,000여종 이상이지만 우리나라는 10종 정도가 재배되고 있으며, 감자표면에는 여러개의 씨눈이 있어 발아가 된다. 주성분은 당질로 12~22%가 전분이다. 단백질은 약 2%, 비타민 C가 10~18mg/100g이며 감자를 박피하거나 절단하면 착색이 일어나는데 이것은 폴리페놀(polyphenol) 성분인 타이로신(tyrosine)이 티로시나이제(tyrosinase)에 의하여 산화되어 갈색의 멜라닌(melanine)으로 변화되기 때문이다. 괴경의 녹색부에 0.03~0.05%, 푸른 싹에는 0.5%의 유독한 배당체의 하나인 솔라닌(solanine)의 특수성분이 함유되어 있다.
주된 이용은 전분원료용이 37%로 가장 많고 물엿, 포도당, 수산연제품, 가공전분에 이용되고 다음으로 시장판매용, 가공용이다. 최근 potato chip 및 과립상(granule) 및 분상(flour) 등의 제품이 급속도로 신장되고 있다.

3) 그 외 서류

① 토란(Toro)

인도 및 중국 남부 지방이 원산이며 고온다습한 열대, 아열대에 널리 재배되고 파푸아뉴기니에서는 상식하고 있다. 주성분은 전분이고 이 전분은 미이셀(miccllc) 구조가 약하여 가열에 따라 용이하게 소화되어 흡수가 좋다. 토란의 떫은 맛 성분은 호모겐티신산(homogentisic acid)이며 점성은 소량의 갈락탄(galactan)에 의한다.

② 참마(Yam)

열대지역 원산의 다년생 초본으로 중남미, 서인도제도, 적도 아프리카에 많고 특히 탄자니아에는 yam belt라 불리는 산지가 분포하여 세계 생산량의 2/3를 생산한다. 온대에서는 한국, 중국, 일본에 많다. 가식부인 괴근은 전분을 주성분으로 하며 아밀레이스(amylase)가 많기 때문에 생식하여도 전분이 잘 소화된다. 점질물은 뮤신(mucin)이며 글로불린(globulin)상의 단백질에 만난(mannan)이 약하게 결합한 것이다.

③ 곤약

인도지나 반도(인도차이나 반도) 원산의 다년생 초본이다. 지나종은 질이 좋아 통상 3~4년 수확한다. 식용 곤약은 보통 전분에 물을 가하여 팽윤, 호화시키고 여기에 알칼리를 가해 gel화하여 응고시킨 것이다. 주성분은 글루코만난(glucomannan)으로 난소화성 다당류이다.

④ 돼지감자

캐나다 동부 또는 아메리카 북동부가 원산으로 초장 2~3m에 달하는 다년생 초본이다. 가축의 사료용으로 보급되었고 주성분은 이눌린(inulin)이며 난소화성 다당류이다. 누룩곰팡이(aspergillus) 속의 국균에 존재하는 이눌라아제(inulase)가 과당(fructose)으로 분해한다. 최근에는 특성을 활용한 다양한 가공용 소재로 개발이 활발하게 이루어지고 있다.

⑤ 카사바(Cassava)

브라질 원산으로 초장 2~3m의 다년생 초본이다. 1주에 5~10개가 달리고 종류는 고미종·감미종이다. 고미종은 대형으로 전분이 많고 전분 제조원료로 이용된다. 이 전분을 타피오카(tapioca)라고 하며 고미종에는 청산배당체 리나마린(linamarin)이 함유되어 있다. 청산함량은 '50~370mg/개당'이다. 감미종은 삶거나 구워서 먹는다. 우리나라는 주정용 또는 제과용 전분원료로 외국에서 수입한다. 타피오카 녹말은 tapioca flour 또는 manioca starch라고도 한다. 카사바의 주산지는 인도네시아, 브라질, 마다가스카르, 필리핀, 말레이시아, 태국, 아프리카 등지이다. 고미종의 성질은 생활력이 강하고 뿌리줄기도 굵으며 녹말함량이 많아 녹말원료로 이용되고 감미종은 섬세하며 뿌리줄기도 잘고 쓴맛이 없어 식용으로 재배되고 있다. 두 가지 모두 시안화수소(HCN)를 가지고 있기 때문에 독성이 강한데 품종과 생육조건에 따라 시안화수소 함량이 다르다. 감미종에 비해 고미종에 더 많은데, 0.01~0.03% 가량으로 껍질에 특히 많다. 이 시안화수소는 식물체 중에서 주로 파세오루나틴(phaseolunatin)이라는 글루코시드(glucoside)형으로 존재한다. 식물조직에 손상을 받으면 효소에 의해 곧 유리하는데 이것은 물에 담그거나 압착, 가열, 건조 등의 작업으로 쉽게 제거된다. 타피오카 녹말의 제조공정은 고구마나 감자의 전분 제조 공정과 유사하다.

(2)곡류

전분제조 원료로서 중요한 것은 곡류이다. 서류에 비하여 수분 함량이 적어 저장성이 좋고 세계적으로 생산량이 많기 때문에 가격안전성이 높다. 종류로는 쌀, 밀, 옥수수 등을 들 수 있으며 곡류 가공에서 설명되었다.

나. 서류의 가공

(1) 곤약

곤약의 주성분은 만난(manan)으로 다당류의 일종이며 물을 함유하여 현저히 팽윤하고 알칼리를 가하면 다량의 물을 포함한대로 응고하여 불용성이 된 것을 이용한다. 곤약을 세정하고 얇게 자른 후 건조하여(황분), 잘 분쇄하여 곤약가루(정분)로 가공한다. 곤약은 정분 또는 생 서류을 갈아서 으깬 것에 다량의 물을 첨가하여 팽윤시킨다. 여기에 석회(수산화칼슘)를 가하여 가열하고 냉수중에 담가 틀에 성형하여 응고시키고 이것을 절단하여 만든다. 아주 작은 곤약은 가열, 냉각한 후 알카리 열수 중에 가느다란 상태로 눌러서 응고시켜 만든다.

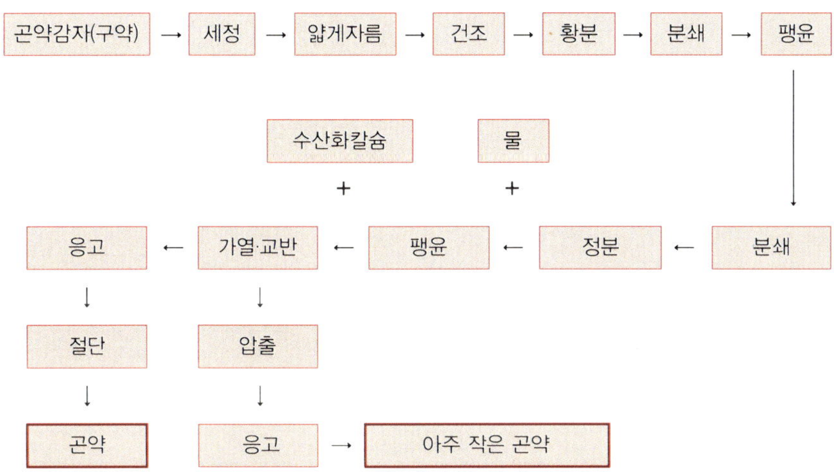

(2) 건조서류

고구마를 저장하여 놓고 전분이 일부 당으로 되어있는 것을 사용한다. 서류를 찌고 껍질을 벗기고 얇게 세절하여 건조하면 육질이 부드럽고 조청색이 된다. 냉암소에 10일정도 방치하여 놓으면 표면에 흰 가루가 생겨 제품이 된다.

고구마 → 저장 → 증자 → 박피 → 얇게 자름

↓

건조 서류 ← 분 생성 ← 건조

(3) 절간서류

① 생절간

고구마를 썰어 말린 것으로 알코올 생산 원료로 많이 사용된다. 고구마를 정선, 세척 후 4~5mm 두께로 썰어 4~5일 햇볕에 말려 수분 12~13%까지 건조한다. 제품의 수율은 원료에 대해 30~40%이다.

② 증절간

고구마를 쪄서 건조시킨 것으로 간식으로 많이 이용된다. 고구마를 물로 씻어 솥에서 90분 정도 쪄서 불을 끄고 20~30분 두어 뜸을 들인 후 껍질이 쉽게 벗겨지게 하기 위해 찬물을 뿌리고 뚜껑을 닫아 10분 정도 놓아두었다가 꺼내 박피한다.
박피 후 냉각시켜 8~10mm 두께로 절단하여 5~6일간 햇볕에 말리면 흰가루가 표면에 생기는데 이는 주성분이 과당으로 맛을 좋게 한다.

③ 매시드 포테이토(Mashed potato)

감자를 세정 선별, 정형 후 얇게 자른다. 예비가열을 하여 일부전분을 호화시키고 냉각한다. 그 후 증자하고 가는 체질을 한 뒤 건조시켜 제품화한다. 형상은 입상의 것과 flake상의 것이 있다. 건조품에 뜨거운 물을 가하여 이기면 얇게 체질한 단계와 같은 상태로 복원한다.

④ 감자칩(Potato chip)

감자의 껍질을 벗기고 얇게 윤적시켜 기름에 튀겨 제조한다. 또한 매시드 포테이토를 성형시켜 기름에 튀긴 것도 있다.

다. 전분 제조법

전분을 가열하면 풀이 되는 즉 호화라는 성질을 가지고 있다. 하지만 이 성질은 원료 전분립의 모양, 크기에 따라 영향을 받는다.

(1) 감자전분 제조

전분제조법은 원료에 따라 다르지만, 어느 것이나 원료에 물과 함께 마쇄 후 정치시켜 침전하는 성질을 이용한다. 감자전분의 제조법으로 가장 많이 사용되는 방법이며 전분의 원료, 특징과 원료는 〈표 2-4〉와 같다.

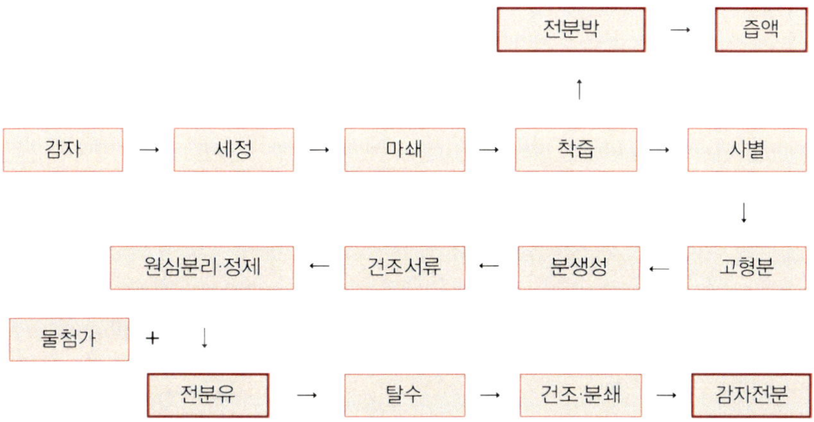

(2)옥수수전분 제조

① 원료

옥수수는 마치종(dent), 경질(flint), 단옥수수(sweet corn), 폭렬종(pop corn), 연질(soft)등이 있으나 마치종의 노란색 옥수수가 널리 쓰인다.

옥수수는 일반 옥수수(아밀로스함량 약 27%), 찰옥수수, 고아밀로오스 옥수수(아밀로스함량 60%이상)가 있어 용도에 따라 다양한 전분을 얻을 수 있으며 가격도 다른 곡류보다 비교적 안정적이므로 전분 원료로 가장 적당한 곡류이다.

〈표 2-4〉 전분의 종류와 특성

종류	원료	특징	용도
옥수수전분	옥수수	흡습성 적음, 회분 함량 적음 입경이 고름(20~30㎛) 흰색풀의 점도 높음	물엿, 포도당, 이성화당, 화공 전분 제조, 식용, 섬유, 제지용
찰옥수수전분	찰옥수수	흡수력 큼, 팽화력 큼, 노화성 적음, 보호콜로이드로서 우수, 풀의 내열성, 내산성이 약함	쌀과자용, 소스, 스프, 베이커리용 크림, 통조림 등의 유화제, 접착제
감자전분	감자	전분 입경이 크다(2~100㎛) 호화액 탁도가 낮음	수산물·축산물 연제품, 의약용, 화공 전분 제조
고구마전분	고구마	풀의 점성, 내열성이 높음	물엿, 포도당 제조
소맥전분	소맥	전분 알갱이의 입경이 큰 것과 작은 것으로 나뉨(작은 입자 풀은 냉각 시 점도가 낮고 겔화력도 약함)	연제품(탄성개선), 쌀과자용, 소스, 베이킹파우더, 비스켓용, 섬유, 제지용
쌀전분	쌀	호화온도가 높음 전분 입자가 작고 각형(2~8㎛)	가열하지 않고 그대로 이용 가능, 초콜릿·사탕 등 식감 개선, 사진의 광택을 없앰, 날염품
타피오카전분	카사바	보수력, 팽윤력 강함, 용해성 높음, 호화액의 투명성이 높음	센베이용, 가공 전분 제조, 섬유용, 접착용
사고전분	사고야자	아밀로오스 함량이 높음, 노화가 쉽다. 겔화력이 약함, 낮은 품질로 가격 저렴	분해해서 전분당, 글루타민, 산소다, 솔비톨의 원료

② 제조법

옥수수 전분은 습식도정법에 따라 제조한다. 습식도정의 목적은 곡류의 각 화학적 구성성분을 분리하는 데 있다. 옥수수 100에서 얻을 수 있는 각 구성성분의 비율을 보면 전분이 63%, 유지가 4%, 수분이 15%, 나머지 사료로서 글루텐과 기타가 18% 정도 된다. 옥수수전분의 제조공정은 다음과 같다

· 원료의 정선

원료를 선별해서 세척한다.

· 침지

침지공정(steeping)은 옥수수전분 제조에서 가장 중요한 공정으로 옥수수를 조절된 온도, 시간, 아황산(SO_2)농도 조건 하에서 물에 침지하는 공정이다. 물은 tip cap을 통하여 배아, 배유 등으로 확산되어 입자를 연하게 하고 성분 분리를 용이하게 한다. 옥수수를 침지탱크에 넣고 침지수로 채운 다음 52℃로 가열하고 22~50시간 침지시킨다. 침지수의 아황산농도는 0.12~0.20%이며, 아황산은 물의 확산속도를 촉

진시킴과 동시에 단백질과 전분의 구조를 파괴시켜 전분의 수율과 품질을 높이는 역할을 한다. 침지중 젖산균의 생육에 의해 젖산이 생산되는데 젖산과 젖산균이 분비하는 프로테아제(protease)에 의하여 단백질의 분해가 더욱 촉진된다. 침지 후 옥수수의 수분함량은 45% 정도이며 침지수는 옥수수로부터 용출된 가용성 성분을 가지고 있으므로 진공농축(고형분 40~50%)하여 외피와 혼합, 건조하여 글루텐사료(gluten feed)로 판매하거나 직접 옥수수침지액(corn steep liquor)으로 판매한다.

· 파쇄 및 배아 분리

침지가 끝난 옥수수는 물로 옮겨 배아분리기(degerminator)로 파쇄하고 배아를 제거하게 된다. 파쇄물은 물로 희석한 뒤 침강장치로 옮기면 비중차이에 의하여 배아가 분리되고, 분리된 배아는 웨지와이어(wedge-wire)망으로 씻은 후 스크루 프레스(screw press)로 탈수 및 건조한다.

· 마쇄 및 사별

배아를 분리한 파쇄물은 전분, 글루텐, 섬유(주로 과피)의 혼합물이다. 파쇄물은 다시 wedge-wire망(50㎛)에 넣어 씻어 섬유를 분리하는데 이때 전체 전분의 30~40% 정도가 같이 분리된다. 섬유가 제거된 파쇄물은 충격분쇄기로 마쇄한다. 이 공정에서 섬유와 결합되어 있던 전분(35%)은 5~15% 정도로 감소된다. 마쇄물은 다시 여러 단계의 wedge-wire망(50~70㎛)에 넣어 씻어 전분과 섬유를 분리한다. 섬유는 농축, 건조하여 농도를 42~48%로 만든 다음 농축 침지수와 섞고 건조하여 gluten feed로 판매한다.

· 전분의 분리 및 정제

배아와 섬유를 제거한 액에는 글루텐, 수용성 물질과 전분이 들어있다. 전분과 글루텐 비중이 1.6과 1.06이므로 차이를 이용하여 고형물 88% 정도로 건조하여 gluten meal(단백질 함량 68% 이상)로 만든다.

원심분리된 전분은 3~5% 정도의 단백질을 함유하고 있으므로 지름 10mm의 hydroclone을 이용하여 물로 씻어 단백질을 제거한다. 수세된 전분의 단백질 함량은 보통 0.3~0.35%이다.

· 여과 및 건조

정제된 전분유는 노즐형 원심분리기로 탈수하여 수분 35~45% 정도의 전분케이크(starch cake)로 만들고, 플래시건조기로 220℃ 정도에서 수분함량 13%까지 건조시킨다.

(3) 고구마전분 제조

① 원료

고구마의 전분 함량은 18~21%이며 마쇄하여 사별한 전분유를 분리할 때 수용성당이 유기산 발효를 하여 pH가 낮아진다. 전분유는 4~5시간 경과하면 고구마 단백질의 등전점인 pH 4 정도까지 내려가 수용성 단백질이 침전되고, 일부가 변성하여 불용성 아미노산으로 되며, 삽부라 불리는 암녹갈색을 띠는 부분이 된다. 고구마 전분의 착색은 chlorogenic acid를 주로 하는 폴리페놀 성분에 기인하기 때문이다.

② 제조법

제조방법은 다음과 같으며 주로 탱크침전법으로 제조되는데 근래에는 테이블법과 원심분리법도 사용되고 있다.

·원료의 수송과 수세

고구마는 경사 1/200~1/500의 유수로로 이동되며 1m/sec의 유속에 의하여 흙, 모래 등을 제거한다.

·마쇄

마쇄 롤러를 이용해 마쇄하는데 충분히 마쇄하지 않으면 전분이 박에 섞여 나가므로 손실이 많아진다. 추출률은 보통 85~90% 정도이다.

·사별

진동식 평체를 이용해 전분박을 분리한다. 처음에는 33~50 mesh의 거친 체를 통과시켜 전분박을 제거하고 여액을 120~130 mesh의 고운 체로 불순물을 제거한다.

·분리

- 탱크침전법 : 침전탱크에서 8~12시간 정치하여 전분을 침전시키는 방법으로 정치 중 pH가 내려가 pH 5가 되면 삽부가 급격히 증가하므로 전분유의 pH를 5 이상으로 하여 삽부를 적게 한다. 삽부는 단백질과 수지로 되어 있으며 산에 침전되고 알칼리에 녹는 물질로 토육과 달리 200 mesh의 체눈을 통과한다. 따라서 가성소다나 소석회를 넣어 전분유의 pH를 5.5~6.5로 하면 전분의 회수가 잘 된다.
- 테이블법 : 입자의 침강을 이용하는 방법으로 탱크 대신 테이블을 사용하는 것이 다르다. 침전거리가 짧아 단시간에 침전하고 폐액을 연속적으로 제거할 수 있으며, 폭 60~95cm, 길이 30~36cm, 경사구배 1/200~1/500 되는 테이블을 사용한다.
- 원심분리법 : 원심력을 이용하여 분리하며 노즐형과 경사형(decanter형)이 있다.

·정제(토육 분리)

-2차 침전지

1차 침전을 마친 조전분을 용해조에 물을 넣고 교반하여 Be'18° 정도로 만들어 2차 침전탱크에 보낸 뒤 30~50시간 방치해 분리한다. 침전의 가장 밑바닥에 흙, 모래 등이 섞인 전분층, 그 위에 전분층, 그리고 가장 위층에 토육층이 형성된다. 토육이란 완성체를 통과한 미세한 섬유 및 불용성 단백질과 폴리페놀의 중합물에 미세한 전분입자가 섞여 있는 것을 말한다. 침전은 토육 위층의 물을 제거하고 토육층과 같은 양의 물을 남겨 교반하여 토육 탱크로 흘려보내고 전분층의 표면을 물로 씻으면서 떠낸다. 이를 물전분 뜨기라 한다. 이때 토육의 분리는 pH 3~5, 전분농도 Be'17~18°에서 가장 잘 된다.

-테이블법

전분유를 Be'8~10°으로 하여 테이블에 흘려보내는 것으로 황산 등으로 전분유의 pH를 4 정도로 조절하여 흘려보낸다.

-Thickener에 의한 토육 분리

v형으로 생긴 탱크를 이용해 Be'2~3°의 전분유를 연속적으로 흘려보내 토육을 탱크 밑에서 농축하여 분리한다.

·건조

2차 침전을 마친 전분은 수분을 45% 함유하고 있는데, 이를 생전분이라 한다. 이를 수분함량 18%까지 건조시켜 사용한다. 건조에는 자연건조와 기류건조(flash dryer)를 이용한 열풍 건조가 있다.

·석회처리법

고구마를 처리할 때 석회를 첨가하면 석회가 펙틴과 결합하여 펙틴산 칼슘이 되는데, 전분미의 사별을 쉽게 하고 전분입자의 침전분리가 빨라진다. 전분수율이 10% 증가되며 제품의 백도도 증가한다. 마쇄 시 첨가하여 마쇄물의 pH가 7.5~8.0이 되도록 한다.

·전분박

원료고구마에 대해 40~50%의 전분박이 생산되며 수분 13~15%까지 건조하여 배합사료나 발효배지로 사용한다.

라. 변성전분(Modified starch)

실제 전분을 이용하는 데 있어 목적에 따라 가장 적합한 전분을 선택하여 사용하게 된다. 그러나 사용 목적에 있어서 전분의 성질이 충분하지 않을 경우에는 그 성질을 개량하여 용도에 알맞은 형태로 이용할 수 있다. 전분이 식품에 첨가되면 점조성에 의해서 식품의 끈기, 굳기, 보형(body)성, 겔트성, 유동성 등을 띠게 하는 수가 많은데 이와 같은 전분의 특성을 이용하여 식품가공에 이용하는 분야는 다음과 같다.

① 소스, 수프 등에서 증점제 또는 점도 안정제
② 샐러드 드레싱과 같은 오일에멀젼 제품에서 콜로이드 안정제
③ 양과자 등의 보수제
④ 아이스크림, 어육튀김제품 등에 있어서의 점결제
⑤ 전분 분말로서 찹쌀떡이나 사탕 등을 제조할 때 서로 달라붙는 성질을 방지하기 위해 부형제(dusting flour)로 사용
⑥ 햄, 소시지 제품에서 점결제 또는 보수제
⑦ 맥주, 소주 등의 발효원료
⑧ 츄잉검(chewing fum), 드롭스(drops) 등에서 겔 형성제
⑨ 크리밍(creaming)제 또는 팽화제

전분이 각각의 식품 중에서 하는 역할은 반드시 일치하지 않는다. 전분의 고분자 특성을 이용하는 경우 전분의 종류에 따라 이용해야 하는데 감자, 타피오카, 찰옥수수 등의 전분은 호화시켰을 때 전분풀이 투명하며 저온에 저장할때도 내노화성이 비교적 높다. 옥수수 전분은 저온 안정성이 좋지 않으나 식염을 가해주면 점도의 안정성이 비교적 높아지는 특성이 있다. 이와 같이 천연전분의 성질만을 이용해서 모든 용도에 맞는 전분을 찾아내기란 매우 어려우며, 천연전분의 물성을 개량함으로써 이용면에서 작업성을 개선할 수 있다. 따라서 응용적성의 향상을 목적으로 열, 알칼리, 산, 산화제, 효소 및 각종 반응기를 갖는 약품에 의해 전분의 성질을 개량한 것을 가공전분 또는 변성전분이라고 한다.

(1) 덱스트린(Dextrin)

덱스트린(dextrin)은 전분을 효소·산 가수분해 또는 가열하여 얻을 수 있으며, 점도는 낮으나 안정성은 산처리 전분보다 높다. 시판되는 로스트 덱스트린의 성질은 다음과 같다.

① 호화액의 점성이 낮다.
② 호화액의 안정성이 분해도에 따라 매우 좋아진다.
③ 호화액의 침투성은 좋으나 피막은 약하다.
④ 접착력은 고농도에서 강하다.
⑤ 분해도가 큰 것은 냉수에 완전히 녹는다.

Roast soluble starch, white dextrin은 찬물에서 완전히 녹지 않으나, 뜨거운 물에서 쉽게 녹아 점성이 낮은 투명한 풀을 만든다. 섬유용 호료로 주로 이용되며 염료, 의약품 등의 희석제로도 쓰인다.

담황색과 황색 덱스트린은 찬물에 완전히 녹기 때문에 우표, 라벨용 종이, 석고, 회화용구 등의 접착제 또는 의약, 염료, 효소 등의 희석제로 쓰인다.

브리티시검(British gum)은 약품에 견디는 성질이 우수하여 나염제로 이용되었으나, 섬유공업의 제조방식 변천 등으로 CMC(carboxymethyl cellulose), 천연고무 유도체, 전분유도체 등으로 대체되어 수요가 많이 감소되었다.

(2) 산화 전분

산화전분(oxidized starch)은 표백전분(bleached starch)이라고도 한다. 산화전분의 제조에는 산화제로서 보통 차아염소산나트륨을 사용하는데 약 45%의 전분현탁액을 만들어 NaOH로 pH를 8~10으로 조절하고, 6~8%의 산화제를 가하여 50℃ 이하에서 반응시킨다.

(3) 에스테르 전분

에스테르 전분의 제조반응은 pH 7.5 이상으로 조절한 전분현탁액에 에스테르화제로 무수아세트산, 무수말레인산(maleic acid) 등을 첨가하여 반응시키고 중화, 수세, 건조과정을 거쳐 제조한다. 아세테이트 전분은 용해도, 투명도, 냉동, 해동에 대한 안정도가 높으며 파이, 샐러드 드레싱 등에 쓰인다. 인산전분은 점도가 높고 노화에 대한 안정성이 높으며 투명도가 좋은 장점이 있어 주로 제지공업에 쓰인다.

(4) 에테르 전분

에테르 전분의 제조는 45% 전분현탁액에 3.6% 정도의 식염을 첨가하여 전분의 팽윤을 억제하면서 0.6%의 NaOH를 가하여 알칼리성으로 조절한다. 40℃ 이하에서 에틸렌옥시드(ethyleneoxide) 또는 프로필렌옥시드(propyleneoxid)를 용해시켜 반응시킨다. 옥수수전분을 사용하여 제조한 에테르 전분은 전분의 물성을 크게 변화시켜 호화가 잘 일어난다. 투명한 전분을 만들고, 겔화 경향이 적으며 필름(film)성도 향상된다.

(5) 가교전분

가교전분(cross-linked starch)은 전분입자 내의 2개의 OH기와 반응할 수 있는 시약을 작용시켜 만든다. 가교전분은 호화가 크게 억제되고 노화성이 거의 없으며 냉동, 해동에 대한 안정성이 높다.

전분당

전분을 산 또는 효소로 가수분해하면 그 구성성분으로 분해되는데 이 분해물들은 물에 녹으며 단맛을 갖고 있으므로 전분당(starch sweetener)이라고 한다. 전분당은 크게 물엿(starch syrup), 포도당(dextrose)과 이성화당(high-fructose corn syrup)으로 나눈다. 물엿은 산으로 당화한 산당화엿, 맥아로 당화한 맥아엿으로 나누며 이들을 분말화한 분말물엿이 있다.

가. 전분의 가수분해

(1) 산 가수분해

전분의 산에 의한 가수분해는 산가수분해 중 덱스트로오스의 탈수에 의해 히드록시메틸푸르푸랄(hydroxymethylfurfural;HMF)이 생성되며 이는 다시 분해되어 레불린산(levulinic acid)과 포름산(formic acid)을 생성하거나 중합되어 착색물질이 생성된다. 또한 덱스트로오스의 역합성으로 아이소말토오스(isomaltose), 겐티오비오스(gentiobiose) 등이 생성된다.

(2) 효소에 의한 가수분해

효소에 의한 가수분해는 산 가수분해보다 여러 가지 장점이 있다. 전분당의 생산에 쓰이는 효소로는 세균과 곰팡이 α-아밀라제, 글루코아밀라아제(glucoamylase), β-아밀라제 및 풀룰라나아제(pullulanase)이다.

〈표 2-5〉 산 당화법과 효소 당화법의 비교

구분	산 당화법	효소 당화법
원료 전분	완전 정제 요함	정제 필요 없음
당화전분농도	약 25%	50%
분해 한도	약 90%	97% 이상
당화 시간	약 60분	48시간
당화의 설비	내산, 내압의 재료 사용	내산, 내압의 재료 쓸 필요 없음
당화액 상태	쓴맛이 강하며 착색물이 많이 생김	쓴맛이 없고 이상한 생성물이 생기지 않음
당화액 정제	활성탄 0.2~0.3%	0.2~0.5%(효소와 순도에 따름)
	이온교환수지	조금 많이 필요
관리	분해율 일정하게 관리하기 어렵고 중화 필요	보온(55℃)만 하면 되며, 중화할 필요 없음
효율	결정포도당으로 약 70% 분말액은 먹을 수 없음.	결정포도당으로서 80% 이상, 분말포도당으로 100%, 분말액은 먹을 수 있음
기타		산화법에 비해 생산비 적음

나. 포도당(Glucose, Dextrose)의 생산

포도당은 주로 내열성 α-아밀라제로 전분을 DE10~15 정도로 액화시키고 글루코아밀라아제(glucoamylase)로 포도당 함량을 95~96%(건량기준)로 당화시켜 생산된다. 당액은 탈색, 정제 후 결정 또는 액체포도당 또는 이성화당으로 가공된다.

다. 이성화당 생산

포도당 가수분해물(포도당 함량 93~96%)을 정제한 다음 고정화된 이성화효소를 과당(fructose)으로 전환시켜 42%의 과당을 갖는 이성화당(42% hi-fructose corn syrup;HFCS)으로 만든다. 이를 pH 4~5로 조절하고 탄소로 처리하여 색소를 제거하고 이온교환수지를 통과시켜 염과 잔류색소를 제거하고 고형분 71%로 농축한다.

라. 물엿의 생산

물엿은 전분의 거대분자를 산 또는 효소로 절단하고 저분자화한 것이다. 전분은 맛이 없지만 저분자가 되면 감미가 만들어진다. 제조법으로는 산에 의해서 당화하는 방법과 맥아효소에 의해서 당화하는 방법이 있다. 산당화법은 전분유에 수산, 염산, 황산 등을 가해서 당화한 후 탈색한 다음 농축한 것이다. 효소당화법에서는 α-아밀라제로 전분을 일부 분해하여 액화화고 β-아밀라제와 글루코아밀라아제(glucoamylase)로 당화하여 제조한다. 효소 반응의 정도를 여러 가지로 바꾸어줌에 따라 분자의 길이가 다른 물엿을 제조할 수 있다. 전분의 가수분해 정도가 낮은 제품(DE 20 이하)은 말토덱스트린이라고 한다. 말토스 시럽(맥아엿)은 산 또는 효소로 액화한 기질을 누룩곰팡이(*Aspergillus oryzae*)의 α-아밀라제 또는 맥아로부터 추출한 β-아밀라제로 당화시켜 생산한다.

〈표 2-6〉 물엿의 규격

구분	산당화 물엿	맥아 물엿
성상	고유의 향미 및 점조성이 있어야 한다.	
수분(%)	18.0 이하	18.0 이하
pH	5.5~6.5	-
환원당(%)	(포도당) 35~45	(맥아당) 45 이상
녹말	불검출	불검출
회분(%)	0.1 이하	0.1 이하
SO2(ppm)	300 이하	-
Fe(ppm)	100 이하	-
산도(젖산)(%)	-	0.5 이하

〈표 2-7〉 말토스 시럽의 당 조성

효소	덱스트로오스(%)	말토오스(%)	DP-3	DP-4
곰팡이 α-아밀라제	4	52	23	21
맥아 β-아밀라제	2	54	19	25
A+pullulanase	1	76	16	7

마. 전분당의 성질 및 용도

전분당은 향미의 향상, 텍스처의 개선, 식미 및 외관의 향상, 영양가 공급, 일부 식품의 몸체(body)의 향상, 저장성 향상 등의 기능을 가지고 있다. 또한 전분당의 중요한 성질 중 하나는 단맛이며 경제성도 중요하다. 이성화당의 가장 중요한 성질은 단맛으로 55%HFCS은 동일한 고형분에서 설탕과 같은 단맛을 가진다. 이성화당은 또한 용해도가 높고 보습성이 좋으며 분자량이 적으므로 점도가 낮고 삼투압이 높은 성질이 있다. 따라서 설탕 대신 사용될 수 있으며, 삼투압이 높으므로 미생물에 대한 안정성, 잼·젤리 등의 저장성 향상 등의 목적으로 쓰일 수 있고, 점도가 낮으므로 비교적 고농도에서도 작업성이 좋은 장점이 있다. 음료와 유제품에 많이 사용된다.

당의 종류 및 특성

가. 설탕

사탕무, 사탕수수 원료로부터 얻은 것으로 감서당, 감채당이라고 한다. 순도를 높이면 얼음설탕, 과립(granular)당, 백설탕이 된다. 설탕의 구성당은 포도당과 과당으로, 산성화시켜 보존하면 일부가 전화당이 되고 감미가 증가한다. 설탕은 150℃ 정도가 되면 분해하여 갈색의 캐러멜이 된다. 캐러멜은 그 온도와 시간에 따라 적미가 강한 것부터 흑미가 강한 것까지 변화하고 식품(위스키, 간장)의 착색료 등으로 이용된다. 우리나라에서는 대부분 사탕수수 착즙액으로부터 제조한 조당을 원료당으로 수입하여 국내에서 정제하여 정제당으로 한다. 정제 정도에 따라 여러 가지의 설탕이 된다. 설탕은 사탕수수 또는 사탕무우 착즙액을 석회 처리한 후 상등액을 농축하여 시럽으로 제조한다. 이 시럽을 진공 상태에서 농축하여 원심분리한 침전이 원료당이고, 상등액이 당밀이다. 원료당을 물로 씻고 탈색하고 분당을 핵으로 결정화한 것이 분밀당이다. 설탕은 제조법에 따라 분밀당과 함밀당으로 나뉘는데 함밀당은 설탕 이외의 착즙액 성분이 많이 함유된 당이며 사탕수수로부터만 생산된다.

나. 이성화당

전분을 당화시켜 얻은 포도당을 글루코스 이성화효소(glucose isomerase), 또는 알칼리에 의해 이성화시킨 포도당과 과당을 주성분으로 하는 액당을 이성화당이라고 하는데 최근 청량음료에 널리 이용된다. 과당의 함유율에 따라 다음의 2종으로 나누어진다.

과당 포도당 액당: 과당이 50% 이상 함유한다.

포도 당과당 액당: 과당이 50% 미만이고, 포도당이 많다.

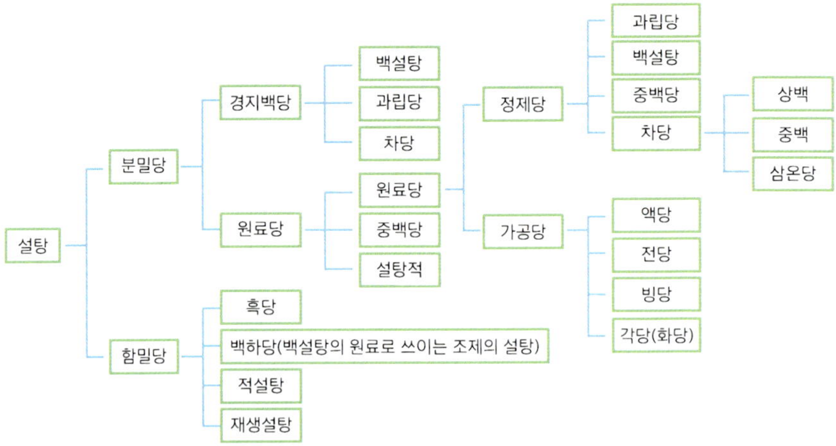

다. 글루코 올리고당

글루코 올리고당으로 불리며 설탕의 포도당 부위에 1~n개 분자의 포도당이 결합한 것이다. 충치가 되기 어려워 설탕 대용으로 각종 캔디, 잼, 쿠키, 젤리 등에 이용된다.

라. 스테비오사이드(Stevioside)

스테비아로 불리는 천연 감미료로 주성분은 스테비오사이드이다. 감미도는 설탕의 200배 정도이며 충치가 되기 어렵지만 과도하게 사용하면 쓴맛을 수반하는 결점이 있다. 열대원산의 국과식물인 스테비아잎에 건조엽의 6% 이상 함유되어 있는데 추출해서 이용한다.

마. 아스파탐(Aspartame)

Aspartyl phenylalanine methylester의 일반명으로 아미노산계 합성감미료이다. 설탕에 가까운 감미질을 가지며 충치·비만 예방 효과가 기대되나 용액으로 했을 때 안정성, 잠재적 페닐케톤증 등의 영향이 우려된다고 한다. 감미도는 설탕의 100~200배이다.

바. 사카린(Saccharin)

오래전부터 사용되어온 합성감미료이다. 사카린은 물에 불용성이므로 사카린나트륨으로 이용된다. 감미도는 설탕의 300~500배이며 백색 무취의 합성결정성 분말이다. 쓴맛을 가지는 결점이 있으며 사용기준이 정해져 있다.

사. 파라티노스(Pmatinose)

파라티노스는 설탕으로부터 만들어진 새로운 식품소재로 양질의 감미를 가지며 구강 내의 충치원인균인 뮤탄스균(Streptococcus mutans)에 의해서 산 생성을 수반하지 않기 때문에 충치의 원인이 되지 않는 당이다.

아. 글리시리진(Glycyrrhizin)

두과의 약용식물인 감초의 뿌리에서 추출하여 이용한다. 감미 성분은 글리시리진이라는 물질이다. 감미도는 설탕의 50~100배이다.

자. 올리고당(Fructo)

특수한 효소 반응에 따라 설탕의 과당(fructose)부에 과당을 1~n개 결합한 것으로 올리고당의 일종이다. 올리고당은 충치균의 분해를 받기 어려우며 대장에서 비피너스균의 영양원이 되는 좋은 성실을 갖고 있나.

〈표 2-8〉 감미료의 종류

천연당질 감미료	설탕(1.0) : 사탕수수당, 사탕무, 벌꿀, 단풍나무당
당알코올	솔비톨(0.50~0.70), 말티톨(0.75~0.95), 만니톨(0.50) 에리스리톨(Erythritol)(0.75~0.80), 크리시톨(Xylitol)(0.65~1.0)
천연배당체 및 그 유도체	감초성분(glycyrrhizin, 50~100) 스테비아성분(600~1000)
아미노산·펩티드	아스파탐(Aspartame)(100~200), 글라이신(Glycine)(0.90)
단백질 감미료	토마틴(Thaumatin)(1600~3000)
효소 생산된 올리고당 및 올리고당 알코올	이소말툴로스(Isomaltulose)(0.24~0.55), 커플링슈거(Coupling sugar)(0.60), Neo sugar(프락토올리고당, 0.80~0.90)

두류의 가공 : 콩단백질 가공

가. 콩의 영양적 특성

일반적으로 콩은 밭에서 나오는 쇠고기라고 말할 만큼 필수아미노산이 균형 있게 배합되어 영양가가 우수하다. 특히 단백질 함량이 높은 대두와 쇠고기를 비교해 보면 다음과 같다. 대두 100g에는 175kcal, 쇠고기 100g에는 298kcal의 열량이 함유되어 있으며, 단백질과 지방의 경우 각각 대두가 17.8g, 7.7g, 쇠고기가 25.3g, 20.3g이다. 그 외 무기질인 칼슘·인 등에서 대두는 쇠고기보다 높은 함량을 가지며, 또한 비타민 B1·비타민 C 등의 영양소에서도 대두가 쇠고기보다 높은 함량을 보이고 있다. 따라서 대두는 쇠고기의 단백질을 대체할 수 있을 뿐만 아니라 비타민, 무기질의 우수한 공급원이라고 할 수 있다.

콩의 단백질 함량은 대략 40% 정도로 많은 편인데 그 대부분이 globulin과 albumin이다. 특히 콩의 globulin을 glycinin이라 하는데 필수아미노산이 골고루 함유되어 있어 영양가가 높다. 염 용액으로 추출되어 나오는 glycinin의 특성을 이용하여 두부 등의 가공품을 만들 수 있다.

또 콩에는 특수성분으로서 양은 적지만 saponin 배당체가 존재한다. 또 적혈구 응집성의 유독 단백질인 hemagglutinin과 trypsin의 작용을 저해하는 trypsin inhibitor가 존재하므로 생콩의 섭취는 동물의 성장을 저해할 수 있으나 이들을 100℃에서 10~15분 이상 가열하면 활성을 잃는다.

나. 콩을 이용한 가공품

(1) 두유(豆乳, soybean milk)

콩을 물에 불린 후 맷돌이나 마쇄기로 갈아 압착·여과한 것을 두유(콩국)라 한다. 두유는 전통적인 우리들의 식생활을 통하여 친숙해진 식품으로 동물성 식품의 과잉섭취로 오는 폐단과 우유 알레르기성 체질 및 유당 불내증 유아에 대한 대용 식품으로 또는 경제적 영양식품으로 그 수요가 증가하고 있다. 두유에서 나는 대두 냄새인 n-hexanol과 대두유의 산화생성물인 1-Octen-3-ol을 억제하고 lipoxygenase의 작용을 억제하는 두유 제조방법이 다음과 같이 개발되어 이용되고 있다.

○ 두유의 제조 방법

- 껍질을 벗긴 대두를 물에 담그지 않고 70℃에서 갈아주는 방법
- 대두를 0.05N NaOH 용액에서 50~60℃로 담가 놓은 후 열탕을 가하여 갈아주는 방법
- 대두를 물에 담근 후 뜨거운 물을 넣고 80℃에서 갈아주는 방법

○ 제조공정의 식품학적 역할

두유의 일반적인 제조방법은 콩을 갈아주는 방법에 따라 여러 가지가 고안되어 있으나 대략적인 방법은 다음과 같다.

원료 대두 → 껍질 벗기기 (탈피) → 물에 담그기 (침지) → 뜨거운 물을 넣으면서 갈기 (열수마쇄) → 끓이기 (증자)

→ 거르기 (여과분리) → 두유 → 살균 → 탈기 → 충진 → 멸균 → 포장

- 원료 대두 처리 : 대두의 껍질은 두유의 풍미와 맛을 저하시키는 성분을 함유하고 있으므로 정선한 후 완전히 껍질을 제거하는 탈피 공정을 거친다.
- 전처리 : 탈피 대두를 물에 담가 열탕을 하면서 갈은 후 여과 분리하는 공정으로 대두 중의 트립신 인히비터(Trypsin inhibitor)를 가열 공정을 거치면서 불활성화 시킨다.
- 살균 : 공장에서 두유를 가공 시 비타민 A, D, Ca, 메티오닌(Methionine) 등을 강화시킨 후 살균한다.
- 충전, 멸균 : 가공처리한 두유를 자동 충전기를 이용하여 충전, 밀봉, 멸균하여 제품으로 만든다. 포장용기에는 병, 폴리에틸렌(Polyethylene film), 카톤 팩(Carton pack), 폴리스틸렌(Polystylene) 수지 등이 있으나 이와 같은 용기는 포름알데히드(Formaldehyde) 음성(-), $KMnO_4$ 10ppm 이하, 중금속이나 페놀(Phenol) 색소 음성(-) 등 식품용기로서 적합한 것이어야 한다.

(2) 두부

콩에 들어있는 주요 단백질이 무기염류에 의해 응고되는 성질을 이용하여 응고제인 간수 또는 $CaSO_4$ 또는 CaC_2 등을 첨가해 응고시킨 것을 두부라고 한다. 두유에 3배의 물을 가하여 희석하고 50℃로 가열한 후 아래 용액을 각각 첨가하여 응고되는 현상을 관찰했을 때 1N KCl을 가하면 응고가 되지 않고, 0.02N $MgCl_2$를 21mL와 0.01N $Al_2(SO_4)_3$를 23mL 가하면 응고된다. 즉 콩단백질에 대해서 K는 응고하는 작용이 작고 Mg, Al은 응고작용이 K보다 크며 특히 Al은 Mg보다 약 2배의 응고작용이 있다.

○ 두부의 제조 공정

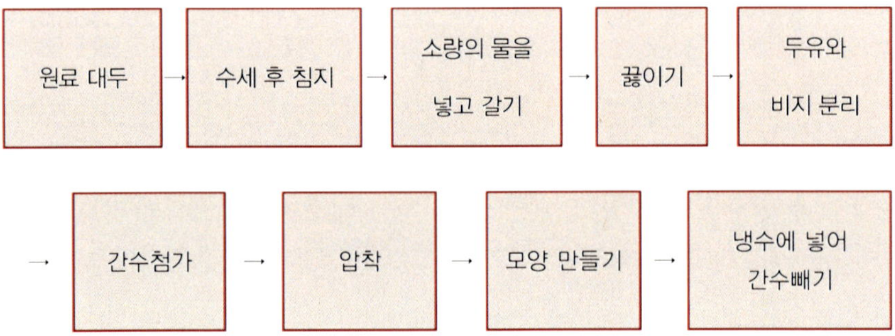

- 콩의 처리 : 주로 황색과 백색의 콩을 사용한다. 콩을 세척한 후 겨울에는 24시간, 봄·가을에는 12~15시간, 여름에는 6~8시간 동안 물에 담근다.
- 콩 갈기와 가열 : 물에 담근 콩을 소량의 물을 넣고 맷돌이나 마쇄기로 갈아준다. 콩을 갈은 후 솥에 넣어 2~3배의 물을 넣고 약 30~40분간 가열한다. 가열하는 도중에 거품이 떠오르면 거품을 제거하기 위해 석회와 식물성 기름을 같은 양으로 혼합한 액을 몇 방울씩 떨어뜨리면서 천천히 섞어준다.
- 분리와 응고 : 마쇄한 액을 가열한 후 냉각하기 전에 마대에 넣어 압착시켜서 두유와 비지를 분리한다. 이 작업은 두유가 뜨거울 때 끝내고, 통에 넣어 65~70℃가 되면 두유의 약 2%의 간수를 2~3회 나누어 첨가하면서 서서히 저어주고 놓아두면 두유가 응고하기 시작하면서 물이 위로 분리된다.

- 압착과 성형 : 두유의 단백질이 완전히 응고하여 갈색의 윗물이 분리될 때 윗물과 응고한 순두부를 떠내서 보자기를 깐 두부 상자에 옮겨, 윗물이 흘러내린 후에 보자기를 덮고 뚜껑을 닫아 돌 같은 것으로 천천히 압착시키면 단단한 두부가 된다. 두부는 일정한 모양으로 자른 후 냉수에 담아 간수를 뺀다.

○ 두부의 부산물

- 두부의 부산물로 비지와 두부의 윗물이 있다. 비지는 탄수화물, 섬유소 등 영양성분이 함유되어 있고, 비지장 등 별미음식의 원료로 활용되거나 사료로 이용된다. 윗물에는 비타민 B류가 많이 들어있을 뿐 아니라 사포닌이 들어있어 사료나 세탁용으로 사용된다.

○ 유부

유부는 두부의 수분을 뺀 후 기름에 튀긴 것으로 보통 두부와 그 제조방법이 다르다. 응고시킬 때 두유를 50℃까지 냉각시켜 간수를 넣고 강하게 교반하여 수분이 적고 단단한 두부를 만든다. 그 다음 두부를 얇게 썰어 발과 발 사이에 놓고 압축시켜 물을 뺀다. 이러한 두부를 110~120℃의 기름에 일단 튀긴 후, 160~200℃의 기름에 옮겨 표면이 황녹색이 될 때까지 튀긴다.

○ 얼린 두부

두부를 얼려서 탈수하고 건조시킨 것으로 동결시키는 방법에 따라 자연동결법과 인공동결법으로 구분한다. 얼린 두부는 마치 당면을 얼려서 건조시키는 방법과 그 원리가 같으며 응고제로 염화석회를 사용하고 물이 잘 분리되도록 강하게 교반한다. 제조한 두부는 일정한 꼴로 잘라서 겨울에는 밖에서 얼린 후 물통에 넣어 얼음을 녹이고 원심분리기로 탈수하며 32~38℃에서 건조시킨다. 이렇게 제조하는 방법을 자연동결 건조법이라 한다. 인공동결 건조법은 일정한 꼴로 자른 두부를 -15℃의 냉동실에서 동결시킨 후 0~1℃로 저장하여 두부 안의 얼음을 녹이고 탈수하여 건조시킨 것이다. 이러한 얼린 두부를 조리할 때 탄산수소나트륨(중조)을 넣지 않으면 충분히 부풀지 않으므로 암모니아로 처리해야 한다. 즉 건조 두부를 밀폐한 방에 넣어 암모니아 가스를 주입하고 5~6시간 방치하여, 얼린 두부 속에 암모니아를 스며들게 하면 조리 시 곧 부풀게 되므로 간편하다.

(3) 콩단백 가공

○콩단백 커드(curd) : 수산연제품 등에 쓰이는데 어육소시지 등을 만들 때 어육과 섞어서 만든다. 원료는 낮은 온도에서 탈지한 콩으로서 입도가 130메시 이하의 고운 것이 좋다.

- 제조법

콩단백 커드는 대두단백질을 일단 가열한 물로 녹였다가 다시 침전시켜서 만든다.

원료 → 가수 → 가열추출 → 단백추출액 → 응고 (응고제첨가)

→ 단백응고물 → 수세 → 물의 분리 → 갈기 → 제품

탈지콩에 먼저 8~10배의 물을 가하여 100℃로 약 10분간 가열하면 콩가루의 단백질이 뜨거운 물에 용출되고 불용성 섬유 등은 밑으로 침전된다. 이것을 여과하지 않고 응고제로서 염화칼슘을 넣으면 단백질이 응고된다. 맑은 윗물을 제거하여 물로 여러 번 씻은 다음 원심분리기를 사용하여 물을 분리하면 수분이 80% 정도 들어있는 단백질과 불용성 탄수화물의 혼합물을 얻을 수 있다. 이것을 갈면 단백질이 서로 엉기는 콩단백 커드를 얻을 수 있다.

- 제품 성질

콩단백 커드는 콩의 비린내가 없어지고 풍미가 담백하여 조미, 향신, 착색 등을 자유로이 할 수 있는 장점이 있다.

-분리 콩단백

분리 콩단백은 설탕시럽의 기포제로서 제과 방면에 쓰이는 이외에 소시지의 지방분리방지제 등으로 사용되어 왔다. 그러나 근래에는 영양가를 중시하여 단백식품의 일부를 이것으로 대체하는 데 쓰이고 또한 고기 유사제품의 주재료로 사용되고 있다.

○ 제조법

분리콩단백은 저온으로 탈지한 콩에서 물이나 알칼리로 콩단백을 가용화시켜서 추출 분리한다. 즉 원료를 넣어 둔 탱크에 물이나 알칼리를 넣고 잘 저어서 콩단백질을 녹여서 추출한다. 이 추출액은 체를 써서 거른다. 이때 섞여 있는 미세한 가루를 원심분리하여 제거하고, 여기서 얻은 추출액에 염산을 넣어 pH 4.3이 되게 하면 단백질이 침전된다.

탈지콩 → 추출(물 또는 알칼리) → 여과 → 원심분리 → 추출액 → 단백질 침전 → 상징액 제거 → 침전물 → 탈수 → 건조 → 분리 콩단백질

여기서 윗물을 제거하여 얻은 침전물을 탈수시켜서 건조하면 분리콩단백질을 얻을 수 있다.

○ 콩단백섬유 : 콩단백질을 섬유상으로 만들어 식품으로 이용하는 것으로서 고기를 쓰지 않는 햄, 베이컨 등이 이 단백섬유와 향신료, 색소, 결착제, 지방 등을 조합하여 만들고 있다.

- 제조법

앞서 설명한 분리콩단백을 10~30%의 알칼리에 녹인 것을 수개의 작은 구멍이 뚫린 압출기를 통해 소금이 들어 있는 식초산 용액 중에 압출한다.

탈지 콩가루 → 분리 콩단백 → 알칼리 용해 → 단백 방사액 → 압출 → 응고신연 → 단백 섬유

단백질을 실 모양으로 응고시키는 동시에 길게 늘여서 분자를 어느 정도 일정 방향이 되게 조직을 형성시킨다. 이때 섬유의 굵기나 강도가 마지막 식품을 씹을 때의

감각, 그리고 식품을 삼킬 때의 감촉 등에 영향을 끼치므로 식품에 따라 굵기와 강도를 적당하게 조절한다.

- 단백섬유를 이용한 인조육 제조법

1개의 단백 섬유는 소금용액에 담가서 일단 경화시킨 후 다발이 되게 하여 근육의 근섬유다발과 같이 만들어 이것을 고기 제품과 같이 씹는 맛이 나게 한 것이다. 이들 섬유를 묶어서 서로 결착시키려면 결착제를 써야 한다. 결착제로는 달걀흰자위, 그 밖의 열응고성의 단백질 또는 고분자물질이 쓰인다. 그리고 섬유를 알칼리 또는 산으로 처리하여 표면을 다시 용해시켜 이때 생기는 결착력을 이용하는 수도 있다. 단백섬유로 인조육 제품을 만들려면 여러 가지 부재료를 써야 한다. 즉 먹었을 때 맛을 부드럽게 하기 위하여 식물성 지방을 섞는데, 보통 압출 단계에서 지방을 유화시켜 섬유 표면에 분산시킨다. 그리고 색소, 조미료, 향신료를 섬유에 흡착시켜야 한다. 따라서 이들 색소, 조미료 및 향신료를 녹인 용액 중에 섬유를 통과시킨 것을 롤러로 압착한 다음 액을 제거한다. 이리하여 얻은 단백섬유는 결착성 단백질과 섞어서 정형을 한 후 가열하고 적당한 모양으로 절단하여 건조나 냉장을 하여 제품으로 한다.

과실 및 채소 가공

가. 과일 및 채소의 특성

과일과 채소는 90% 내외의 수분을 함유하고 있으며 여러 가지 비타민, 무기질의 공급원으로서 중요하기 때문에 신선 식품이라 한다. 하지만 생산시기가 한정적인 농산물의 특성상 안정적인 공급을 위해 적절한 가공 및 저장 방법을 이용하는 것이 필요하다.

(1) 과일과 채소의 특성

- 과일류는 수분 함량이 높아 부패하기 쉬운 특성으로 저장성이 낮고, 생산시기가 제한되어 있다.
- 영양적으로 비타민, 무기질 및 섬유질을 비교적 많이 함유하고 있다.

· 잘 익은 과일은 안토시아닌(anthocyanin)계 색소, 카로티노이드(carotenoid)계 색소, 플라보노이드(flavonoid)계 색소를 많이 함유하여 기호성을 높인다.
· 지역적 생산과 계절적 특성이 높은 과일류의 특성상 풍미를 보존하면서 연간 안정된 공급이 될 수 있도록 통·병조림 제품이나 건조제품으로 가공된다.
· 채소의 영양성분은 과일과 유사하지만, 근채(根菜)와 엽채(葉菜) 중에는 당류·유기산 및 방향 성분이 적은 것이 있다.
· 채소 무기질 중 칼슘(Ca)은 식물의 산성을 중화하는 역할을 한다.
· 채소 가공에서 문제가 되는 색소 성분의 경우 과일과 거의 같으나 엽록소를 많이 함유하고 있는 점이 다르다.

(2) 과일과 채소의 품질저하 요인

○ 생활 작용에 의한 품질저하

· 과일과 채소의 생활 작용은 호흡, 생장, 추숙, 증산 작용이 해당된다.
· 과일과 채소는 신선 식품으로 유통이나 저장기간 중 생활 작용을 지속적으로 하기 때문에 탄산가스와 에너지(열)를 발생시키고, 이에 따른 반응으로 신선도와 중량이 변한다.
· 생활 작용은 과일과 채소의 품종·재배 환경·수확시기 등에 따라 차이를 나타낼 수 있으며, 수확 후에도 주변 환경 조성 등에 따라 차이를 보일 수 있다.

(3) 과일과 채소의 저장

○ CA와 MA 저장

과일의 경우 신선 식품으로서 CA(Controlled Atmosphere) 저장과 MA(Modified Atmosphere) 저장이 필요하다. 국내에는 1990년대 CA 저장이 도입되었으나 기술 부족, 설비 경제성의 문제로 정착되지는 못하였다. CA 저장은 저장기간 동안 계속적으로 기체 조성을 1% 이내로 조절하는 것이고, MA 저장은 CA 저장과 유사하지만 초기에 기체 조성을 확립한 후 저장 중 기체 조성을 더 이상 조절하지 않고 방치하는 것이다.

이러한 기체 조절에 의한 저장 방법의 장점은 신선 식품이 시드는 현상이나 숙성이 연기되고, 에틸렌 감수성이 저하되며, 생리적 변패가 줄어드는 점 등이 있다. 그러나 단점으로는 불규칙적인 숙성과 높은 이산화탄소 농도에 따른 이취 발생 등을 들 수 있다.

○ MAP(Modified Atmosphere Packaging) 저장

MAP 저장은 폴리에틸렌 필름이나 피막제로 과일이나 채소류를 외부 공기와 차단하는 방법이다. MAP 저장은 증산을 감소시켜 표면 건조와 변색을 예방할 수 있는 장점이 있으나, 저온 관리와 살균 소독제 대신 사용될 수 없다. 저장 효과를 최대화하기 위해서는 저장 원료의 종류, 호흡률, 포장 필름의 두께와 가스 투과성, 피막제의 특성 등을 고려해서 사용해야 한다.

필름 포장의 경우 주로 딸기, 토마토, 고추 등에 이용되며, 국내에서는 단감의 폴리에틸렌 필름이 대표적인 예인데, 0.06mm 저밀도 폴리에틸렌 필름에 의해 4~5개월 저장이 가능하다. 피막제는 과일의 경도와 색을 유지하고 유기산 함량 감소를 방지하는 데 효과가 있으나, 과일의 생리 장애를 일으킬 수 있으므로 품목에 따라 선별적으로 적용해야 한다. 피막제로는 상업용 왁스, 동식물성 유지류 등이 사용되며 최근에는 당복합화합물을 사용한다.

〈표 2-9〉 주요 과일 및 채소의 성분(100g 중)

종류	열량 (cal)	수분 (g)	단백질 (g)	지질 (g)	당질 (g)	섬유 (g)	회분 (g)	비타민				
								A (IU)	B_1 (mg)	B_2 (mg)	C (mg)	나이아신 (mg)
사과	52	86.8	0.3	0.5	11.5	0.6	0.3	10	0.02	0.04	6	0.2
배	51	85.8	0.5	0.2	11.7	0.8	0.4	0	0.04	0.03	2	0.3
복숭아	35	90.4	0.9	0.2	7.3	2.0	0.2	0	0.03	0.04	–	0.2
포도	68	86.4	1.0	0.8	14.1	0.4	0.3	0	0.04	0.02	5	0.3
감	60	82.6	0.6	0.1	14.1	0.5	1.3	450	0.03	0.03	28	0.4
귤	48	87.4	1.0	0.5	9.8	0.3	0.4	2000	0.1	0.03	40	0.6
자두	61	84.7	0.5	0.9	12.6	1.1	0.2	0	0.02	0.03	5	0.8
토마토	22	92.0	2.0	0.3	1.6	1.8	0.9	6.0	0.15	0.12	30	–
무	31	90.3	2.0	0.1	5.6	0.9	1.6	0	0.01	0.03	44	3.9
배추	18	94.9	1.3	0.2	2.7	0.7	0.5	255	0.06	0.09	28	0.4
양배추	29	94.3	1.5	0.6	4.4	0.7	0.5	43	0.12	0.43	27	0.2
오이	19	95.5	0.9	0.2	3.4	0.5	0.5	56	0.06	0.05	30	0.8

〈표 2-10〉 과일 및 채소의 생활 작용에 따른 품질 변화

생활 작용	생활 작용에 따른 현상	품질 변화	
		품질 저하	품질 향상
호흡	성분 손실, 발열	감의 흑변, 고구마 경화	떫은 감의 탈삽
생장	발아, 섬유화	고구마 발아, 아스파라거스의 섬유화	대두 발아
추숙	경화, 착색	감의 추숙현상	바나나, 레몬 등 착색
증산	수분 손실, 변색	시듦	-

○ 미생물에 의한 병해

· 과일과 채소는 수분함량이 높아 유통·저장되어 판매되기까지 병해 발생률이 높지만, 표면에 상처가 없으면 과피에 의해 병원균의 침입이 저해되므로 병해 발생을 낮출 수 있다.

· 주로 재배지의 토양에 의해 세균성 부패가 발생할 수 있다.

· 과일은 유기산이 많아 낮은 pH를 띠므로 세균에 의한 피해는 적지만 곰팡이에 의한 감염으로 부패될 수 있다.

나. 과일 및 채소의 가공

(1) 과일 및 채소 가공 시 관계되는 품질특성

○ 영양적 특성

- 비타민

· 비타민 C는 수용성으로 수세 및 데치기 과정에서 용출될 수 있고 열에 불안정하며, 강한 환원성을 가지므로 효소적 갈변반응을 저해할 수 있다.

· 비타민 E는 양배추, 시금치에 3~5mg/100g 정도 함유되어 있으나 일반적으로 함량이 적다.

- 무기질

· 최근 가공식품 섭취로 무기질 섭취 부족이 문제시되고 있다.

· 채소의 칼슘(Ca)은 식물에서 산성물질을 중화하는 역할을 하며, 다양한 효소의 활성제로서의 기능을 가진다.

- 식이섬유

· 인간의 소화효소에 의해 가수분해 되기 어려운 식물성 다당류와 리그닌 등을 말한다.

· 정장작용, 장내 유해물질의 배출 등에 의한 변비, 대장암 예방에 효과적인 것으로 알려져 있으며 과일 및 채소에서 많이 섭취할 수 있다.

○ 기호적 특성

- 색

· 과일 및 채소의 색은 클로로필(chlorophyll), 카로티노이드 ,안토시아닌, 플라보노이드 등의 천연색소인자가 있다.

· 색의 변화는 변색·퇴색 및 갈변이 주가 되며 클로로필은 가열처리, 카로티노이드는 산소 존재하에 빛 조사, 안토시아닌은 염류·당류·아미노산 및 효소, 플라보노이드는 금속이온 존재 시 변색될 수 있다.

· 과일 및 채소의 경우 이동, 저장 및 가공 시 조직이 파괴되면 효소작용에 의해 갈변현상이 일어난다.

- 맛

· 맛은 기호 특성의 기본인자로, 과일과 채소에 있어서는 당과 산 및 그 비율이 풍미 평가의 일반적 지표로 사용 된다.

· 떫은맛의 대표 성분은 감에 비교적 많이 있는 tannin으로, tannin을 불용화시키는 탈삽과정(탄산가스, 알코올, 온탕, 건조 등의 방법)을 통해 떫은맛을 없앨 수 있다.

- 향기

· 과일과 채소의 향기는 식욕을 돋우며, 한 가지 또는 소수의 화합물로 이루어져 있고, 다수의 화합물에서도 향기가 재현되는 경우가 있다.

- 조직감

· 과일과 채소류의 펙틴과 섬유소는 가공 시 조직감과 같은 물성적인 측면에서 중요한 역할을 하며, 과일이 잘 익어가며 과육이 연화되는 현상은 펙틴질의 분해에 의한 것이다.

· 주스 제조 시 펙틴 분해효소 혹은 가열 처리해야 주스 바닥에 침전되는 현상을 방지할 수 있다.

(2) 과일 및 채소의 가공 방법

○ 가공 방법의 종류

- 가열

· 과채류를 가열하면 부착된 미생물을 사멸시킬 수 있으므로 일정기간 변질·부패 없이 안전하게 저장할 수 있다.

· 외관, 성분, 풍미 변화 및 살균에 유효한 최소한도로 가열하는 것이 바람직하다.

- 냉온

· 효소와 미생물을 사멸시키기는 어려우나 번식과 반응속도는 감소시킬 수 있다.

· 냉온저장과 냉동저장이 있다.

〈표 2-11〉 과일 및 채소 냉장의 적정 온도, 습도 및 저장 기간

종류	적온 (℃)	적습도 (%)	저장기간
사과	−1~4	85~90	
서양배	−1.6~0.5	88~90	2~7개월
복숭아	−0.5~0.0	85~90	2~4주
오렌지	3.3~8.9	85~90	8~10주
감	−1.1	85~90	2개월
살구	−0.6~0.0	85~90	1~2주
포도(미국종)	−1~0.0	80~95	3~8주

건조·탈수

· 미생물은 균체 내 70~90%의 수분을 함유하고 있어 수분 결핍 시 발육이 불가능한데, 건조 탈수에 의해 과일과 채소의 수분함량을 낮추어 발육번식을 방지할 수 있다.

· 건조는 곰팡이 생육이 불가능한 수분함량까지 하는 것이 바람직하며, 건조 후 습도가 낮은 상태로 저장하는 것이 좋다.

· 일광건조, 열풍건조, 분무건조, 진공건조, 동결건조 등이 있다.

- 고농도 용액

· 염이나 당을 고농도로 처리하면 삼투압이 증가되어 미생물 생육이 억제된다.

· 잼과 젤리 용기 내 곰팡이가 발생한 것은 잼과 젤리 제조 시 증발한 수분이 표면에 응축되어 떨어져 당이 희석된 용액 층이 만들어지기 때문이다.

- 산 처리

· 세균은 pH 7.0의 중성 부근에서 가장 잘 생육하고, 산성 상태에서 생육이 억제된다.

· pH 저하를 위해 농산물 저장에 초산 및 젖산이 사용된다.

· 산에 의해 수소이온에 의한 세포단백질이 응고됨으로써 미생물 생육이 억제된다.

- 화학약품

· 미생물 사멸을 위한 살균제, 그중 병원균이나 부패균 사멸을 위한 소독제 등이 이용된다.

· 식품을 대상으로 할 때 식품위생법에서 규정된 화학약품의 종류와 사용 범위 및 사용량을 확인하여 사용해야 한다.

- 방사선 조사

· 과일과 채소에서 방사선 조사는 단지 양파 및 감자의 발아방지로 저장 기간을 연장하기 위해 사용되고 있다.

○ 건조과일 및 건조채소

- 건조과일 제조

· 원료 처리 : 원료는 신선한 것을 크기별로 선별하여 사과와 같은 큰 과일은 껍질을 벗기고 과심을 도려낸 다음 두 쪽으로 쪼개고, 포도 같은 작은 과일은 그대로 말린다.

· 알칼리 처리 : 포도, 자두, 살구 등 껍질 표면에 납질물이 있는 것은 수분이 삼투하는 속도가 느리므로 0.5~1.0%의 탄산나트륨 또는 수산화나트륨의 끓는 용액 속에서 5초 내외로 침지한 다음, 맑은 물로 세척한다.

· 황 처리 : 사과·복숭아·살구 등은 산화효소의 활성도가 높아 그대로 건조하면 갈변현상이 일어나므로 이를 억제하고 부패와 충해도 방지할 목적으로 황 훈증을 한다. 훈증은 과일을 상자나 훈증실에 넣고 밀폐한 다음 원료과일 100kg에 대해 300~400g의 황을 연소시키는 것으로 약 30~60분간 훈증한다. 훈증 시 호흡기 등 안전에 각별히 유의한다.

· 건조 : 모든 처리가 끝나면 과일은 햇볕에 일광건조하거나 열풍으로 건조하며, 열풍건조 시 건조조건은 과일에 따라 다르지만 일반적으로 60~65℃에서 건조한다. 건조는 수분 함량 22~24%로 하는 것이 좋다.

원재료 → 세척 → 박피조제 → 알칼리처리 → 황처리 → 건조 → 제품

- 건조채소 제조

· 원료 고르기 및 세척 : 같은 품종의 원료 중 신선한 것을 선별하여 흙, 모래 등의 협잡물을 제거한 다음 물로 깨끗이 씻어낸다.

· 껍질 벗기기 및 절단 : 원료의 종류에 따라 껍질을 벗기거나 작게 썬다. 무·감자·고구마 등은 칼로 껍질을 벗기고, 대규모의 경우 알칼리 박피법 등을 이용한다. 알칼리 박피법은 알칼리 용액 처리 전 원료를 끓는 물에 잠시 데친 후 알칼리 농도를 약 5~15%로 하여 알칼리 처리함으로써 박피를 촉진하는 방법이다.

그 외에도 화염 박피법, 연속 가압 수증기 박피법이 있으며, 현재 밀폐 용기 속에서 수 초간 고압 수증기를 처리하고 압력을 낮춘 다음 강하게 물을 분무하여 박피하는 연속 가압 수증기법이 많이 이용된다. 썰기는 원료의 종류에 따라 다르나 근채류는 3~5mm 두께로 썰고, 감자·우엉 등은 써는 즉시 물에 담가 갈변을 방지한다.

· 데치기(열처리)와 유황처리 : 세절된 원료는 뜨거운 물에 데친다. 근채류는 2~3분, 엽채류는 15~30초 데쳤다가 꺼내어 바로 식힌다. 저장 중 비타민 A와 C의 손실을 방지하기 위해서는 0.6%의 아황산염과 0.6% 중아황산염 용액을 1:1로 배합한 용액을 분무하면 효과적이나 비타민 B1의 손실은 크다.

· 건조 : 냉각한 다음 건조 상자에 넣고 근채류는 15% 내외, 엽채류는 10~11%의 수분이 될 때까지 일광 건조한다.

원료 → 세척 → 박피/처리 → 절단 → 열처리 → 유황처리

→ 건조 → 선별 → 포장 → 제품

○ 주스의 제조

비가열 처리 제품인 과채주스의 경우 10℃ 이하의 냉장 유통을 기준으로 유통기한을 3일로 권장하며, 외적 환경 제어를 위해 소비자가 구매하는 순간까지 냉장 보관 및 냉장 유통하는 콜드 체인 방식을 운영하고 있다. 최근 유럽, 미국, 일본 및 중국에서는 범용형 압력시스템을 개발하여 비가열처리 식품에 응용하고 있다. 종래에는 범용형 압력 시스템이 500 MPa 이상의 압력으로 육가공품·즉석식품에 이용되었으나, 비가열 신선식품의 수요가 증가하면서 신선 과채음료 생산현장에서 중고압 처리로 미생물 제어 및 관능적 품질 향상을 위하여 범용형 압력 시스템 도입 및 확대에 대한 검토가 진행되고 있다.

- 과일주스 종류
  - 천연과일주스 : 과일을 짜서 그대로 제품화한 것으로, 원료의 향기와 성분을 그대로 가지고 있고, 산도가 높아 pH 2.5~5.0 사이의 것이 많음. 청정과일주스(사과주스, 배주스 등)와 혼탁과일주스(오렌지주스, 토마토주스 등)로 나뉨
  - 농축과일주스 : 원 과일주스를 졸인 것
  - 가루주스 : 농축과일주스를 건조하여 수분함량 1~3%인 가루로 만든 것
  - 과즙함유 음료 : 천연과일주스에 물, 당류, 산류, 향료, 착색물 등을 첨가하여 과일주스의 풍미를 살리도록 조미한 것
  - 기타 주스 : 복숭아나 살구와 같은 핵과류의 퓌레를 희석한 넥터(nectar)와 과육 조각과 설탕이 들어간 스쿼시 등이 있음

〈표 2-12〉 천연과일주스의 성분

주스의 종류	비중	주스 100 mL 중의 함량					
		추출분(g)	전화당(g)	자당(g)	산 (g)	탄닌질(g)	무기물 (g)
사과	1.057	15.16	9.46	3.11	0.321	0.105	0.439
배	1.061	15.85	9.54	0.99	0.328	0.038	–
복숭아	1.050	12.95	1.96	7.00	0.610	–	–
오렌지	–	–	11.74		1.210	–	–

- 천연과일주스 제조

  ·원료 고르기 및 세척

  과일주스의 원료는 과피가 얇아 주스 수량이 많고 과일 성분의 농도가 높은 것이 좋으며 덜 익은 과일, 부패, 손상된 것, 곰팡이가 붙은 과일은 품질을 저하시키고 살균효과를 떨어뜨려 저장성이 나빠진다. 골라낸 과일은 먼지, 과일에 뿌린 약제, 눈에 보이지 않는 곰팡이, 세균 등을 제거하기 위해 물로 세척한다.

  ·과즙 추출

  과즙의 추출은 일반적으로 과육을 부숴서 압착기로 짜내어 추출하지만, 과일 종류에 따라 파쇄기와 압착기 등 알맞은 것을 선택한다. 주요 추출장치로는 수압압착기, 리머(reamer), 주스추출기(juice extractor), 원심분리식 착즙기, 로터리형 착즙기, 롤러 착즙기, 펄퍼 및 피니셔가 있다.

- 수압압착기 : 포도나 사과 등의 과일을 짜는 데 사용되며, 부순 과일을 압착 자루에 넣어 쌓은 다음 압착하는 방식이다.
- 리머(reamer) : 감귤용으로 사용되며 회전하는 리밍 헤드(reaming head)에 과일을 하나씩 넣어 추출하는 것으로 근래에는 절단에서 짜기까지 연속으로 자동화된 것도 있다.
- 주스 추출기 : 감귤 및 토마토 등에 사용되는 연속식 착즙기이다.

  ·사별 : 추출한 과일주스에는 씨 및 과피 조각과 같은 부유물질이 있는데, 이는 저장 중 품질저하의 원인이 되므로 제거한다. 이들을 제거함과 동시에 사별 과정을 통해 펄프의 양 및 크기를 조성하기도 한다. 원심분리식 착즙기 및 과육제조기(pulper)로 짠 것은 별도로 사별할 필요가 없다.

  ·여과 및 청징 : 토마토즙과 같은 불투명한 과즙은 70~80℃로 가열하여 단백질을 응고시킨 후 여과하며, 사과 및 포도는 청징을 하더라도 색소에 영향을 미치지 않으므로 압착식 여과기로 여과한다. 청징 방법으로는 난백법, 카제인법, 젤라틴법, 규조토법, 펙티네이스법 등이 있다.

  ·조합 : 청징 작업이 끝난 과즙에 물, 당분, 향료, 유기산 등을 넣고 조합한 다음 탈기 및 순간살균을 하여 제품으로 한다.

  ·탈기 : 리머(reamer), 과육제조기(pulper), 피니셔로 압착한 주스는 약 0.5%의 산소가 함유되어 있는데, 산소를 제거하지 않으면 비타민 C의 손실이 일어나고 갈

변, 호기성 미생물 번식 등의 품질 저하가 일어나므로 공기를 제거해주어야 한다. 탈기는 분무식과 박막식이 있는데, 과일주스를 안개 모양으로 진공관 속에 불어 흘러내리게 하여 탈기한다.

·살균 및 보존 : 주스의 살균 방법은 순간살균법(flash pasteurization)과 저온살균법 등이 있으나, 과즙의 풍미와 색깔이 변화되지 않고 미생물을 사멸시킬 수 있는 순간살균법이 많이 사용된다. 살균이 끝난 주스는 미리 살균 처리한 병이나 캔에 무균적으로 주입하는데, 청징 과정을 마친 주스를 용기에 먼저 주입한 다음 80℃에서 10~20분간 가열살균처리 하는 경우도 있다.

원료 → 선과 → 세척 → 박피 → 착즙 → 사별/여과

→ 조합 → 탈기/탈유 → 살균 → 제품 → 충전 → 냉각 → 제품

- 농축과일주스 및 가루주스 제조

농축과일주스는 천연과일주스의 색, 맛, 향기, 성분 등 품질을 유지하면서 진공 농축 또는 동결 농축한 제품이다. 진공 농축은 30~40℃의 낮은 온도로 과일주스를 가열하면서 대기압보다 낮은 감압하에서 주스의 수분을 증발시키는 방법으로 당분 농도가 60% 될 때까지 농축한다. 동결 농축은 과일주스를 동결시켜 수분을 얼음으로 만든 후 진공상태로 압력을 낮추어 고체인 얼음결정이 기체로 승화시키는 방법으로, 향기 성분의 손실이 적고 가열 과정이 없어 품질이 좋은 장점이 있지만 비용이 많이 드는 단점이 있다.

가루주스는 농축과일주스를 건조하여 분말화한 제품으로, 농축 정도는 오렌지·파인애플이 50~60%, 사과 40~50%, 토마토 25~35%이다. 건조 방법으로는 주스를 노즐로 분사하고 가열하여 단시간에 수분 증발을 유도하는 분무건조법, 농축과일주스를 박막증발기에서 얇은 막으로 하여 가열·건조하는 박막증발관법, 농축과일주스를 얇은 층으로 진공 중에서 저온으로 건조하는 진공건조법, 동결시켜 수분을 건조하는 동결건조법이 있으며, 이외에도 과일주스에 기포제를 첨가하여 질소와 같

은 불활성 기체로 거품을 일으키면서 표면적을 넓혀 수분 증발이 쉽게 일어나도록 하는 포말건조법 등이 이용된다.

○ 젤리, 마멀레이드 및 잼류

- 젤리, 마멀레이드 및 잼류의 정의

·젤리 : 과즙에 당을 첨가하여 농축·응고시킨 제품

·마멀레이드 : 젤리 속에 과일의 과육이나 과피의 조각을 섞은 것으로 오렌지나 감귤류를 원료로 하는 제품이 많으며 자두, 복숭아, 사과 등을 원료로 만들 수도 있음

·잼 : 과일의 과육에 설탕을 넣어 적당한 농도로 졸인 것으로 보통 과일의 형태가 남지 않음

·프리저브 스타일(preserved style) : 과일 프리저브드는 과일 그대로 혹은 끓은 과일을 당액으로 55~70%가 될 때까지 졸인 것으로 과일의 모양을 유지시킨 잼

-젤리화의 원리

·젤리화의 3요소

① 펙틴질 : 펙틴질은 과일이나 채소의 세포벽과 세포벽 사이 중층에 존재하며, 조직의 모양과 단단함을 유지시켜주는 역할로 과일의 견고도를 좌우하는 중요한 요소이다. 덜 익은 과일에는 섬유소와 결합한 불용성의 프로토펙틴(protopectin)이 많이 함유되어 있고, 과일이 익어가면서 펙티나아제(pectinase)가 작용하여 수용성의 펙틴(pectin)이 되며, 과숙하게 되면 펙트산(pectic acid)이 된다. 겔 형성에는 프로토펙틴과 펙틴은 유용하지만 펙트산은 응고성이 없으므로 적합하지 않다.

펙틴질은 갈락트론산(galactronic acid)이 중합된 쇄상 분자인 펙트산으로 젤리화에 관여하는 펙틴은 펙트산의 카르복시기(carboxyl radical)가 메틸 에스테르화된 것이다. 메틸 에스테르의 정도에 따라 젤리 형성기구가 달라진다. 즉 메톡실기 7% 이상의 고메톡실 펙틴은 당과 산을 가하면 젤리화가 잘 되지만, 메톡실기 7% 이하의 저메톡실 펙틴은 Ca2+이온을 가하여야 젤리가 형성된다. 과일류 펙틴의 메톡실 함량은 대개 8~14% 범위 내에 있어 보통 펙틴이라 하면 고메톡실 펙틴을 말하며, 과일 잼류의 응고는 주로 고메톡실 펙틴이 관여한다. 산과 당 성분이 적당히 있으면 고메톡실 펙틴은 대체로 0.2% 정도에서 응고가 시작되며 1.0~1.5%면 젤리화에 충분하다.

② 산(acids) : 과일에 들어있는 산은 과일이 익어감에 따라 변화하는데, 익어갈수록 산의 양이 적어진다. 젤리화에 유용한 산은 사과산 · 젖산 · 구연산 등의 유기산으로, 과일 중 산의 농도가 부족할 때에 유기산을 더 넣어 완성된 제품의 pH를 맞추어 주도록 한다. 젤리화에 가장 적당한 산의 총량은 0.3% 정도이며, pH는 3.2~3.5 정도가 알맞다.

③ 당(sugars) : 젤리화에 유용한 당은 설탕, 포도당, 과당, 및 맥아당 등이나 설탕이 가장 많이 사용되고, 과일 중에 당이 들어있으며, 대부분 12% 전후로서 젤리화에 필요한 62~65%의 농도가 되게 하려면 당분을 더 넣어야 한다.

·젤리화를 위한 펙틴·산·당의 비율

젤리화에는 펙틴, 산, 및 당이 각각 적당 비율로 들어있어야 하지만 과일의 종류와 품종, 숙도 등에 따라 이들 함량에 차이가 있으므로 젤리화에 적합하지 않을 수도 있다. 즉 펙틴이 0.75% 이하일 때는 설탕을 아무리 넣어도 젤리화가 일어나지 않고, 펙틴이 1.5%인 경우 산이 3.05% 있을 때 설탕이 50%만 있으면 젤리화가 되나 산이 0.3% 있을 때는 설탕이 61.5% 들어가야 젤리화가 된다.

〈표 2-13〉 과일의 펙틴 및 산 함량

함유 상태	과일
펙틴과 산이 많은 것	사과, 포도, 밀감 등
펙틴이 많고 산이 적은 것	복숭아, 바나나, 앵두 등
펙틴이 적고 산이 많은 것	살구, 딸기 등
펙틴과 산이 적당한 것	성숙한 사과, 유럽종 포도 등
펙틴과 산이 적은 것	과숙한 과실 등

- 젤리 제조

① 원료 조제 : 원료는 세척하고, 사과 · 복숭아 · 감귤류는 5~10 mm 두께로 자르고, 딸기 등은 씻은 다음 꼭지를 따며, 포도는 꼭지를 따서 부순다.

② 가열 및 짜기

절단한 과일은 포도 0.5배, 사과 1~1.5배, 감귤류 2~3배 양의 물을 넣고 끓인다. 가열은 원료의 프로토펙틴을 분해하여 펙틴을 추출하고 기타 여러 성분을 얻는 것이 목적이므로 딸기는 5~7분, 포도는 10분, 사과는 20~30분, 감귤류는 40~60분간 가열한다. 가열이 끝난 것은 압착기로 처음에 가볍게 짜고 점차 강하게 압착하여 짠다.

③ 청징 : 착즙액이 흐리면 청징 처리를 하여 투명한 즙액으로 만드는데, 공업적으로 규조토를 사용하거나 원심분리기를 사용하고, 소규모의 경우 불투명한 착즙액을 자루에 넣어 걸러서 자연적으로 흘러내리게 하는 것도 가능하다.

④ 산도 조정 : 과일즙액에 산이 부족할 경우 유기산을 넣거나 산이 많은 다른 과즙을 섞어 조절한다.

⑤ 가당 : 적당한 산이 들어있는 과일즙액은 당을 넣어 당분함량을 맞추기 전 과즙의 펙틴량을 측정하여 가당량을 정한다. 가당량의 결정에는 알코올 침전법이 이용되며, 시험관에 소량의 과즙액을 넣고 95% 알코올을 같은 양 넣은 다음 잘 흔들어 가할 당분의 양을 결정할 수 있다.

〈표 2-14〉 펙틴의 판별 및 가당량

알코올에 의한 변화	펙틴 함량	가당량
젤리 모양으로 응고 혹은 큰 덩어리	많음	과즙의 1/2~2/3량
여러 개의 젤리 모양 덩어리	보통	과즙과 동량
소수의 작은 덩어리 혹은 덩어리가 생기지 않음	적음	농축 혹은 다른 과즙이나 펙틴 첨가

⑥ 졸이기 : 졸이는 시간이 길면 갈변현상이 일어나 젤리의 풍미와 색이 나빠질 뿐 아니라 펙틴의 분해로 젤리화 강도가 줄어들게 되므로 이중 솥을 사용하여 15~20분간 강하게 가열하여 완성시킨다. 졸이는 정도는 컵법, 스푼법, 온도계법, 당도계 등을 이용하여 결정한다.

- ·컵법 : 농축액을 찬물을 넣은 컵 속에 소량 떨어뜨렸을 때 농축액이 흩어지면 농축이 덜 된 것이고, 바닥까지 굳은 채 떨어지면 적당한 것이다.
- ·스푼법 : 농축액을 나무주걱으로 떠내어 주걱을 기울였을 때, 농축액이 묽은 시럽 상태로 떨어지면 농축이 덜 된 것이고, 부착되면서 떨어지고 주걱에 약간 남아 있으면 적당한 것이다.

· 온도계법 : 150℃ 이상의 온도계를 끓고 있는 농축액 속에 넣을 때 104~106℃이면 적당한 것이다.

· 당도계법 : 당도계를 이용하여 당도가 60~65%가 되면 적당하며, 뜨거울 때 측정하면 상온에서 측정했을 때보다 2~3% 낮은 값을 나타내므로 주의한다.

⑦ 담기, 밀봉 및 살균 : 젤리점에 이른 농축액은 미리 씻어 살균한 용기에 식기 전에 담아 밀봉한다. 밀봉 후 80~90℃로 7~8분간 살균하여 바로 세워 식힌다.

- 마멀레이드 제조

① 원료 및 껍질 처리 : 마멀레이드는 과피를 사용하므로 원료 과일은 색이 좋고 과면에 상처가 없으며 병충해를 입지 않은 것을 고른다. 원료를 물에 잘 씻어 껍질을 十자형으로 잘라 4쪽으로 만들어 벗긴 다음 몇 장씩 포개어 칼이나 마멀레이드 슬라이서를 이용해 길이 3cm, 폭 1mm 정도의 너비로 가늘게 자른다. 잘게 썬 조각은 가볍게 비벼 기름을 뺀 다음 끓는 물에서 15~30분간 끓이고 건져내어 냉수에 1~2시간 침지하고, 쓴맛이 제거되면 압착하여 물기를 제거한다. 과피를 제거한 과육은 착즙기나 압착기로 짜서 과즙을 분리해 낸다.

② 졸이기 : 과즙의 30~40%의 과피를 첨가하여 잘 혼합한 다음 총 중량의 80~100%에 해당하는 설탕을 세 번 정도로 나눠서 졸인다. 설탕을 한 번에 넣으면 탈 위험이 있고, 설탕이 과피에 잘 침투되지 않는다. 눋지 않도록 저어주면서 떠오르는 거품을 제거하여 완성점이 될 때까지 가열 농축시킨다. 젤리화의 정도는 냉각시켜 접시에 옮겼을 때 잠시 용기의 모양을 유지하였다가 점차 퍼져 3분간 정치되는 정도가 좋다.

③ 담기, 밀봉 및 살균 : 병조림 시 완전히 졸인 후 80℃ 전후의 온도가 되었을 때 용기에 과피가 고르게 퍼지도록 하여 밀봉하며, 살균은 젤리에 준하여 살균한다.

- 잼 제조

① 원료 조제 : 적당히 익어 향기와 색이 좋은 원료를 골라 물에 잘 씻은 다음 사과는 1cm 정도로 절단하고, 딸기 등은 꼭지를 따낸다. 원료는 원료 그대로 혹은 소량의 물을 넣어 끓이며, 원료 과일에 들어있는 펙틴이 젤리화하는 힘에 따라 원료 배합량을 결정한다. 잼을 만들 때 넣는 당량은 대체로 원료 무게에 가까운 양을 넣는데, 다음 식으로 계산할 수 있다.

$$C = R1/R$$

$$R1 = \frac{(u \times U) + (s \times S)}{U + S}$$

R1 : 원료 펄프에 가당하였을 때 원료 전체량 중 당도

R : 제품의 당도

C : 농축률

U : 원료 펄프의 무게

u : 원료 펄프의 당도

S : 설탕의 무게

s : 설탕의 당도

② 졸이기 : 젤리의 경우에 준하여 약 20분 이내에 졸여 완성시킨다.

③ 담기, 밀봉 및 살균 : 젤리의 경우에 준하여 담기, 밀봉 및 살균한다. 졸인 후 바로 높은 온도로 담아 그대로 두면 변색되는 등 품질이 저하되므로 바로 식힌다.

○ 통조림

① 원료 조제 : 과일의 경우 생식용보다 2~3일 일찍 수확하여 원료를 선택하고, 잘 세척하여 불순물을 제거한다. 세척한 원료는 뜨거운 물이나 수증기에 데쳐, 효소를 불활성화시킴으로써 갈변을 방지하고 조직 내 산소 제거로 산화를 줄여 통조림 후 용액의 혼탁을 예방한다.

② 박피 및 제핵 : 데친 원료는 쉽게 껍실을 벗길 수 있으며, 복숭아 등과 같은 과일은 씨나 핵 부위를 제거하고, 이때 씨 부위 과육의 색소를 충분히 제거한다.

· 증기 박피법 : 육질이 부드러운 복숭아 등에 이용되는 방법으로 90~100℃의 증기에 3~4분간 작용시킨 다음 찬물에 넣고 껍질을 벗긴다.

· 알칼리 박피법 : 육질의 탄력성이 커서 증기로 벗기기 힘든 경우 원료를 30~60분간 1~2%의 끓는 수산화나트륨 용액에 넣어 저어주면서 껍질을 벗기고, 꺼내어 찬물에서 나머지 껍질을 벗기면서 충분히 씻어준다.

· 산·알칼리 병용 박피법 : 감귤의 속껍질을 제거하는 방법으로 겉껍질을 제거한 원료를 20~30℃의 1~3% 염산 용액에 30~150분간 침지하여 표면을 연화시킨 다음, 물로 잘 씻어 끓는 1~2% 수산화나트륨 용액에 침지하여 속껍질이 완전히 벗겨지

도록 처리한다. 처리가 끝나면 흐르는 물에 담가 남아있는 수산화나트륨을 완전히 제거한다.

③ 충전 및 주입액 첨가 : 통조림 용기에 일정량의 원료를 담고 주입액을 0.2~0.4cm의 공간(head space)을 주어 충전한다. 주입액은 통조림 내용물에 따라 달라지지만 과일에는 20~50%의 당액을, 채소에는 15~20%의 소금물을 주입액으로 사용하며, 소금물의 경우 철분이나 석회염이 있으면 칼슘이나 탄닌과 결합하여 침전물이 생길 수 있기 때문에 주의하여야 한다.

④ 탈기 및 밀봉 : 관이나 병 속의 공기를 제거하여 내용물의 변질을 방지하기 위해 탈기 과정을 수행한다. 또한 통조림 속에 남아 있는 산소를 적게 하여 호기성 세균이나 곰팡이 등의 발육을 억제하고, 내부의 부식을 방지할 수 있다. 탈기 방법으로는 가열 탈기법, 진공 탈기법, 증기 분사법 등이 있다. 이 중 밀봉(double seaming)은 탈기한 통조림 내에 미생물이나 공기가 들어가는 것을 방지할 수 있으며, 밀봉 방법으로는 수동식·반자동식·진공권체기 등 여러 종류가 있다. 진공권체기는 탈기와 밀봉을 동시에 할 수 있어 통조림 산업에서 많이 사용된다.

⑤ 살균 : pH가 4.6 이하이면 산성식품(acid food)이므로 가벼운 열처리를 하여도 되지만, pH가 4.6 이상이면 저산성식품(low acid food)이므로 *Clostridium botulinum* 오염 가능성을 고려하여 열처리를 하여야 한다. 통조림 살균은 레토르트 또는 증기 솥에서 중심온도 105℃ 정도가 되도록 가열처리한다. High vacuum flame sterilization(HVFS process) 방법에 의한 살균은 1200℃ 이상의 고온에서 짧은 시간 가열하여 살균하는 방법으로 캘리포니아 지역에서 생산되는 복숭아, 살구 통조림 등에 활용되는 방법이다.

⑥ 냉각 : 살균이 끝난 통조림은 내용물에 잔존하는 열에 의해 변질되는 것을 방지하기 위하여 빠른 시간 내에 냉각한다. 냉각이 충분하지 않을 경우 내용물이 연화되거나 변색, 호기성 미생물 번식 등이 일어날 수 있다.

○침채류

침채류는 채소류에 소금이나 장류(간장·된장·고추장 등), 젓갈, 식초, 주박, 쌀겨 등을 한 가지 또는 여러 가지 첨가하여 만드는 일종의 염장식품이다. 침채류는 미생물 등에 의한 젖산 발효, 알코올 발효 등으로 독특한 맛과 풍미가 생성되며, 김치, 피클류 등이 있다.

- 김치

① 원료 처리 및 절이기 : 대표적인 원료인 배추는 깨끗이 씻어 적당한 크기로 쪼갠 다음, 10% 소금물에 16~20시간 절인다. 소금의 농도가 너무 높으면 삼투작용으로 배추의 수분이 너무 빠져나와 김치가 질겨지므로 염도는 3% 정도가 적당하다.

② 양념 : 절인 배추에 물기를 제거한 다음 부재료를 배추 사이사이 넣어준다.

〈표 2-15〉 김치 양념소의 적정 배합비 (절임배추 100g당)

구분	고춧가루	마늘	생강	젓갈	배	설탕	간장	찹쌀풀	기타
배추김치	4.5	2.0	0.9	50	0.5	0.5	–	8.5	쪽파, 당근, 미나리, 무
열무	16.0	3.0	1.5	–	0.5	2.0	–	20.0	–
깍두기	3.0	3.0	1.5	4.0	1.0	2.0	–	5.0	–
깻잎김치	20.0	5.0	25.0	–	10.0	15.0	70.0	–	당근, 양파
파김치	4.5	2.0	1.0	7.0	1.5	2.0	–	15.0	–

③ 담금 및 숙성 : 양념 넣기가 끝난 배추는 용기에 넣어 숙성시킨다. 숙성은 0~4℃ 정도에서 수 주간 숙성시키는 것이 가장 풍미가 우수하며, 숙성 중 여러 미생물에 의해 발효가 진행되는데 발효기간이 길어질수록 미생물 균수가 증가한다. 소금의 농도가 낮으면 *Leuconstoc mesenteroides*와 *Streptococcus* 균이 발효 초에 많이 증식하고, 소금의 농도가 높으면 *Lactobacillus brevis*와 *L. plantarum* 등의 증식이 잘 된다. 김치의 맛이 가장 좋을 때의 산도는 0.6~0.8%이고, pH는 4.0 정도로 대체로 담근 후 약 3주째가 된다.

피클(Pickles)

피클은 채소나 과실에 향신료를 첨가하여 만드는 서양식 소금(식초) 절임 음식이다. 오이·양파·토마토·양배추·당근 등이 많이 사용되며, 설탕이나 소금, 식초를 섞은 조미액에 절이는 방법과 향신료를 섞은 소금물에 절여서 발효시키는 방법이 있다.

제유 및 식용유 가공

가. 유지의 특성

동·식물체로부터 분리되는 유지는 상온에서 액체 상태인 것을 기름(油) 또는 지방유라 하고, 고체 상태인 것을 지방(脂肪)이라 하는데 이들은 온도에 따라 변화한다. 유지는 종류에 따라 물리화학적 특성 및 향미 특성이 다른데, 이에 적합한 추출 및 정제 과정이 필요하다.

(1) 식용유지의 원료

식용유지의 원료로는 특수한 것을 제외하고 동·식물성 모두 사용할 수 있는데 원료의 유지 함량, 유지의 성질, 채유 및 원료 수집의 용이성을 판별하여 유지 원료로 이용할 수 있다. 우리나라의 경우 수요에 비해 자원이 부족하여 원료 대부분을 수입에 의존하고 있다. 식용유지의 경우 참기름·들기름과 같이 정제 과정을 거치지 않고 바로 식용으로 사용하는 것과, 콩기름·미강유와 같이 정제하여 이용하는 것, 경화유·마가린 등과 같이 정제 후 가공하여 사용하는 것 등이 있다.

(2) 식용유지의 가공 공정

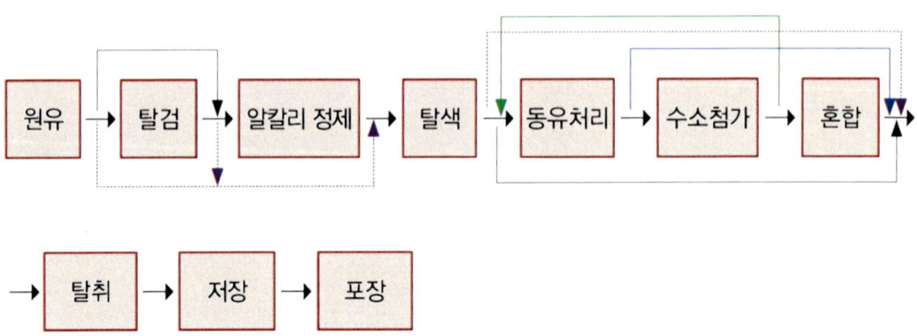

① 원료 전처리

원료의 무게를 잰 후 이물질을 제거하고 세척한다. 목화씨나 해바라기 씨의 경우 껍질을 부셔서 제거하고, 씨앗 내부도 조각내어 추출이 용이하도록 하며, 대두의 경우에도 압력을 가하여 껍질을 제거하고 가열장치에 넣고 서서히 가열한다. 가열한 원료는 박편의 두께가 0.3mm 정도가 되도록 박편 압연기(flaking roll)을 통과시켜 유지가 쉽게 추출될 수 있게 한다.

② 유지 추출

- 기계적 추출

기계적 추출 과정은 가열·압착·냉각·여과 과정이 포함되며, 먼저 박편을 교반가열기에서 가열하여 단백질을 변성시킨다. 가열된 원료를 압착하면 유지 함유량 중 60%가 추출되며, 남은 용매는 다시 압착하여 추출한다. 압착 유지는 고형물질이 많이 함유되어 있으며, 정제 전 여과하여 제거하도록 한다.

- 용매 추출

전처리한 원료는 용매 추출장치를 이용하여 추출한다. 추출 용매로는 펜탄·헥산·헵탄 등을 사용하며, 주로 헥산을 사용하는데 이는 헥산이 증발이 용이하고 냄새와 맛이 잔존하지 않기 때문이다. 식용유지 추출용 헥산으로는 순수 n-헥산과 추출용 혼합 헥산의 2종류로, 혼합 헥산은 n-헥산의 함량이 50~98%까지 다양하다.

유지 추출기는 주로 바스켓 추출기, 로터리 추출기, 다공 벨트 추출기, 슬라이딩 베드 추출기, 직사각형 고리 추출기 등이 있다. 거름 추출기는 역류 장치로 고체 원료와 용매·유지 혼합물이 서로 반대 방향으로 이동하면서 혼합물 내의 농도가 증가하게 되고, 이것이 추출기에서 배출될 때는 혼합물에 함유된 유지 농도가 30% 정도 된다. 혼합물은 증류장치를 통해 분리되는데, 첫 번째 증발장치에서 나오는 수분과 열을 이용하여 유지함량이 30~80%가 되도록 농축하고, 두 번째 증류장치에서는 대기압이나 진공상태에서 가열하여 유지 함량이 98%가 되도록 용매를 증발시키며, 세 번째 증류장치에서는 기압을 50mmHg 이하로 하여 남아있는 모든 휘발성 물질을 제거한다.

- 초임계이산화탄소 추출

초임계유체 기술은 무독성, 친환경, 저에너지 용매를 사용하는 기술로 초임계이산화탄소는 맥주의 호프 추출물, 향신료, 참기름 등에 응용되고 있다. 이산화탄소는 임계온도 31.1℃, 임계압력 7.4MPa이며, 임계온도-임계압력 이상에서 초임계이산화탄소가 된다. 초임계이산화탄소는 실온 부근인 35~100℃, 25~30 MPa 조건에서 주로 사용되며, 원료가 열에 의한 변성을 입을 확률이 낮다. 추출 방법은 고압 추출 후 저압으로 돌리면서 용매가 기체로 되어 없어지는 원리를 이용하며, 세계적으로는 향신료·호프추출물과 같이 고부가가치 천연물에 적용되는 사례가 많지만 최근 국내에서 비교적 가격이 저렴한 식용유지 산업에 이용되기 시작하여 앞으로의 발전이 기대되고 있다.

초임계이산화탄소 추출 참기름은 완전 밀폐 상태에서 초고압으로 저온 추출하여 향기 손실이 적고 고체 불순물이 없으며, 추출 공정 중 자동 살균의 장점이 있다. 이외에도 감귤의 껍질을 압착하여 얻는 citrus oil, 어류의 지방에 함유된 EPA(Eicosapentaenoic acid), DHA(Docosahexaenoic acid) 등 오메가-3 지방산의 분리·정제 기술에도 적용된다.

〈그림 2-4〉 초임계유체 생성 전처리 장치(왼쪽) 및 기름·향 추출 장치(오른쪽)

③ 정제

- 탈검(degumming)

탈검은 추출한 유지에서 인지질, 단백질, 수지 등의 검 물질을 제거하는 과정이다. 추출된 유지에 적은 양(1~1.3%)의 물을 가하고 65~70℃로 가열한 다음, 원심분리하여 수화된 인지질 등의 검 물질과 유지를 분리한다. 분리된 유지는 건조한 다음 냉각시킨다. 첨가하는 물의 양이 적을 경우 검 물질의 색깔이 진하고 점도가 높으며, 유지에 인지질이 남아 혼탁해질 수 있다. 그러나 물의 양이 많으면 물, 수화물질, 유지 등 3개의 층이 생길 수 있다. 또한 인지질의 일부는 칼슘이나 마그네슘과 염을 형성하고 있어 전체 인지질 중 10%는 제거되지 않으므로, 인산을 첨가하여 알칼리 정제 공정 중 제거되도록 한다.

- 알칼리 정제

알칼리 정제는 유리지방산을 중화시키는 과정으로, 알칼리는 NaOH나 Na_2CO_3를 사용한다. 알칼리에 의해 중화된 유리지방산염은 물에 가라앉으므로 원심분리하여 물 층을 제거하고, 유지 층에 남아있는 소량의 물과 비누를 여러 번 씻어내고, 건조한다. 알칼리 정제는 회분식 정제법, 연속식 정제법으로 나뉘며, 회분식 정제법은 손실률이 높고 운용비용이 많이 들고 폐수가 많이 생기므로 잘 사용하지 않는다. 연속식 정제법은 유지와 알칼리의 접촉 시간이 5~10분으로 짧아 검화가 적으며, 유지와 비누를 효과적으로 분리할 수 있어 유지의 손실이 적고 공정 제어가 쉬운 장점이 있다.

- 탈색(bleaching)

채취한 유지에는 원료 유래의 carotenoid 색소와 chlorophyll 색소가 혼재하고 있다. 유지가 탈색 과정을 거치면 색이 연해지고 맛이 개선되며, 산화 안정성이 증가하고 저장성이 향상되는 장점이 있다. 탈색 방법으로는 흡착법, 일광조사법, 산화탈색법이 있다.

· 흡착법 : 유지에 활성백토나 산성백토 또는 활성탄 등을 가하여 색소 성분을 흡착하여 제거하는 방법이다. 산에 의한 활성 칼슘몬모릴로나이트는 식물성 식용유 흡착제로 많이 사용되며, 적색과 녹색, 인지질, 산화 생성물, 비누 등 다양한 물질을 흡착하여 제거할 수 있다.

· 일광조사법 : 유지의 색소 성분을 공기 중의 산소로 산화·표백시키는 방법으로, 주로 왁스류의 표백에 이용된다.

· 산화탈색법 : 과산화수소, 오존 등과 같은 산화제를 사용하여 탈색시키는 방법이며 식용유에는 사용하지 않는다.

- 동유(winterization)

이 과정은 샐러드유 제조 시 사용되는 과정으로, 샐러드유는 저온에서 고체지방이 석출되면 안 되므로, 정제한 기름을 냉각시켜 생성되는 고체지방을 미리 제거하는데, 이를 wintering, 동유처리 또는 탈납이라 한다. 동유처리는 유지의 지방산 조성에 따라 엉기는 특성이 달라지는데, 냉각속도가 빠르면 결정핵의 수가 증가하고, 교반속도가 빠르면 결정체의 크기가 작아져 여과하기 어려워지므로 크고 균일한 크기의 결정체를 형성하는 조건을 설정할 필요가 있다.

- 탈취

유지에 남아있는 유리지방산, 글리세롤, 산화 생성물 등과 같은 휘발성 물질을 제거하기 위한 과정으로, 회분식·반연속식·연속식으로 수행한다. 유지를 230~250℃로 가열하여 2~10 mmHg로 진공상태에서 수증기를 넣어 트리아실글리세롤 이외의 성분을 휘발시켜 제거한다.

④ 수소 첨가(hydrogenation; 경화)

수소 첨가의 목적은 유지의 이중결합을 줄여 산화 안정성을 증가시키고, 융점을 높여 다루기 쉽게 하는 것이다. 수소 첨가를 함으로써 2가지 반응이 일어나는데, 유지의 이중결합에 수소가 첨가되어 단일결합이 되는 반응과 기하학적 이성질화에 의한 트랜스 지방이 생성되는 것이다. 대부분 부분 수소 첨가한 유지를 생산하고 있으며, 부분 수소 첨가 유지의 트랜스 지방은 주로 엘라이드산이다.

수소 첨가 공정은 촉매, 수소, 이중결합이 있는 지방이 필요하며, 교반-현탁-회분식, 루프-현탁-회분식, 순환-현탁-연속식, 순환-고정상-연속식 등 다양한 형태로 이용된다. 이 중에서도 교반-현탁-회분식을 많이 사용한다.

⑤ 결정화 및 순화

유지의 결정화는 다형현상(polymorphic form), 분자의 조성, 냉각속도 등에 의해 영향을 받는다. 동질다형현상이란 화학적으로 동일한 물질이 서로 다른 형태의 결정체를 형성하는 현상으로 유지는 열처리 조건에 따라 α형(육각형), β′형(직육면체), β형(삼사정계)의 형태를 이룬다. 냉각속도도 다형현상에 영향을 미치는데, 천천히 냉각시키면 유지가 융점이 높은 형태로 되어 결정구조가 형성되고 그 뒤에 결정화되는 유지가 이미 형성된 유지에 달라붙어 β형이 생성되는 경향이 있다. 빠르게 냉각시키면 β형이 생성될 수 있는 온도보다 과냉각되어 β′형이나 α형이 될 수 있다. α형은 융점이 낮기 때문에 산업적으로 선호하지는 않는다.

결정화 공정은 완전히 녹은 상태의 유지를 결정핵 형성 온도보다 높게 유지하면서 냉동 공정에서 짧은 시간 동안 냉매를 순환시켜 결정화를 시킨다. 결정화가 끝나면 결정화된 유지를 긁어낸다.

⑥ 포장

유지의 포장용기는 산소와 수분 투과도를 낮추어 유지의 산화와 가수분해를 최소화할 수 있으며, 운반 중 내용물이 손상되지 않는 소재를 사용하여야 한다. 요즘은 플라스틱 용기를 많이 사용하며, 쇼트닝의 경우 금속 캔을 주로 사용한다.

〈표 2-16〉 주요 식용유지의 원료 및 특징

구분	원료명	유지함량 (%)	채유량 (%)	특징
식물성	콩	16~20	(압착)10, (추출)15	· 식용유, 공업용으로 많이 이용 · 황갈색의 반건성유
	팜(과육)	55~65	(압착)45~55	· 식용 및 비누 제조에 이용 · 등황색, 제비꽃 향
	팜(핵)	45~55	(압착)35~45	· 식품가공용으로 이용
	야자(건조과육)	57~75	(압착)50~70	· 제과 · 제빵, 튀김용으로 이용 · 흰색 또는 담황색
	목화씨	16~22	(압착)15, (추출)19	· 정제 시 유의(gossypol) · 마가린, 쇼트닝 제조에 이용
	옥수수배아	12~20	(추출)10~17	· 튀김 등 식용유로 사용
	유채씨	35~48	(압착)30~40	· 튀김 등 식용유로 사용
	쌀겨	15~20	(압착)10, (추출)15	· 유리지방산이 많음 · 정제 후 식용유로 이용
	참깨	45~55	(압착)40~50	· 검정깨(45%)보다 흰깨(55%)의 함유율이 높음
	들깨	40~50	(압착)35~45	· 건성유 · 김 · 부침 용으로 사용
	땅콩	40~50	(압착)35~45	· 식용유 및 마가린 제조에 사용
	올리브(과육)	40~60	(압착)35~50	· 조리용, 화장품, 약용 등 사용
	해바라기씨	20~40	–	· 식용 외에 비누 제조
	카카오콩	35~50	–	· 초콜릿 제조에 이용
	고추씨	11~12	–	· 조미성 식용유로 이용
	홍화씨	25~37	(추출)15~35	· 식용 및 약용으로 이용
동물성	우지	50~80	45~75	· 신장과 장에서 채취 · 식품가공용
	돈지	50~80	45~75	· 라드 : 버터 대용 및 식용유
	어유	5~15	3~12	· 정어리, 청어 등의 어유 채취 · 겨오하유 등 가공용 원료
	경유	70~80	65~75	· 식용유, 가공용 등 광범위하게 사용됨
	우유	3~5	2.5~4	· 버터, 크림 제조

나. 가공 유지

(1) 경화유

불포화지방산을 많이 함유한 기름은 상온에서 액체 상태로 존재하며, 산패로 인한 변질이 쉬우나 수소(H2)를 첨가하면 이중결합 부위에 수소가 결합되면서 불포화도가 낮아져 고체 지방으로 변하게 되며, 이를 경화유라 한다. 경화유 제조 시 니켈(Ni)을 촉매로 정제유에 수소를 160~180℃와 6~8기압에서 반응시킨다. 경화가 끝난 유지는 뜨거울 때 여과하여 촉매를 제거하고, 탈취하여 경화과정 중 생기는 냄새를 제거한다.

(2) 마가린

동·식물성 유지를 원료로 물, 유제품 등을 섞고 유화시켜 얻은 것이 마가린으로 인조버터라고도 한다. 식물성 기름(콩기름, 야자유, 팜유 등)과 동물성 지방(우지, 돈지, 어유 등)으로 만든 경화유를 사용하여 발효유나 소금, 유화제, 보존료, 산화방지제 등 부원료를 첨가하고 margarine churn 이라는 교반조에서 유화한다. 초기에는 빠르게 저어 수중유적형(O/W형)의 유탁질을 형성시키고, 온도를 낮추어 주면서 유지의 응고 온도에 가까워지면 유중수적형(W/O형)으로 전환되어 cream 상태가 된다. 유화가 끝나면 저온으로 급랭시켜 고체로 만든 다음 성형·포장한다. 마가린은 입에 넣었을 때 융해되도록 융점을 30~35℃로 조정한다.

(3) 쇼트닝

쇼트닝도 마가린 제조와 같이 식물성 기름(콩기름, 야자유, 팜유 등)과 동물성 지방(우지, 돈지, 어유 등)으로 만든 경화유를 사용하여 만든 수분이 0.5% 이하의 순수 유지만으로 된 가공유지이다. 마가린과의 차이는 쇼트닝에는 소금·유화제·향료 등이 첨가되지 않고, 유화공정 없이 짓이기거나 섞어서 제조한다는 것이다. 쇼트닝은 '고유의 색택과 향미를 가지고 이미·이취가 없어야 하며, 수분 0.5% 이하, 산가 0.8 이하'여야 한다.

쇼트닝은 1911년 Procter & Gamble사가 Crisco라는 이름으로 출시하였으며, 부분 경화유의 대명사로 인식되어 오다 2004년 완전 경화 팜유에 액상 식물성 기름을 섞어 만든 'Crisco Zero Grams Trans Fat Per Serving All-Vegetable Shortening'을, 2007년 1회 섭취 분량당 trans 지방이 1g 이하인 쇼트닝을 제조했다. 최근에는 대두유·

완전 경화 면실유·부분 경화 대두유 및 부분 경화 면실유를 섞어 1회 섭취량에 trans 지방이 0.5g 이하 함유되어 있으면서도 기존 쇼트닝과 유사한 쇼트닝이 제조되고 있다.

다. 유지의 산패와 저장

(1) 유지의 자동산화

유지의 자동산화는 점도 증가, 변색, 불쾌한 냄새, 맛 변화 등 유지 품질 저하의 원인이 된다. 자동산화의 진행은 유지의 지방산(RH) 일부가 수소를 상실하여 유리기가 생성되면(RH → R· + H·), 이 유리기에 산소가 결합되어 peroxy radical(ROO·)이 되고, peroxy radical은 이웃에 있는 다른 지방산에서 수소를 가져와 hydroperoxide(ROOH)로 되면서 새로운 유리기(R·)를 만드는 과정을 거친다.
이렇게 생성된 유리기가 다시 hydroperoxide를 만드는 과정을 반복하면서 hydroperoxide가 연속적으로 생성되는 과정이 자동산화 과정이며, hydroperoxide가 더 분해되어 aldehyde, ketone 등 분해물질을 생성하거나 중합물을 생성하여 유지의 변화를 가져오게 한다. 유지의 자동산화는 다음과 같은 특성을 가진다.

- 불포화지방산을 많이 함유한 유지에서 발생하기 쉬움
- 온도가 높을수록 반응속도가 커짐
- Co, Cu, Fe, Mn, Ni 등과 같이 산화환원이 용이한 중금속이 존재하면 반응이 촉진됨
- 자외선도 유리기 생성반응을 촉진하여 산화를 빠르게 함
- 압력이 적은 범위에서 산소 분압에 비례하여 유지의 산화가 촉진됨

(2) 유지의 저장법

- 정제가 잘된 유지는 금속과 접촉하지 않도록 포장
- 광선의 노출을 피함
- 공기와의 접촉을 차단
- 저온 저장
- 안전성이 인정된 첨가물 중 항산화제(BHT, BHA, propyl gallate 등)와 상승제(Vitamin C, citirc acid 등)의 적절한 사용

기호식품 (차 가공 중심)

기호 식품이란 생리적으로 필요한 영양소인 칼로리원이나 비타민 등의 섭취를 주목적으로 하는 것은 아니지만 오래전부터 기호 식품으로 우리의 일상생활에 친숙한 식품이다. 종류로는 전통차, 인삼음료, 과즙음료, 청량음료, 알콜음료, 이온음료, 과자, 조미료 등이 포함된다. 여기에서는 차 가공식품을 중심으로 살펴본다.

차, 커피 같은 기호 식품의 원료에 공통되는 성분은 색깔과 풍미를 구성하는 탄닌과 흥분작용을 하는 퓨린(purine)염기라고 할 수 있다. 퓨린염기는 일반적인 식품에서는 볼 수 없는 성분으로 약간 쓴맛을 낸다. 카페인은 중추신경을 자극하여 흥분작용을 나타내며, 혈액순환을 도와 강심작용·이뇨작용을 나타내고, 차에 많이 들어있는 탄닌은 몸속의 알칼로이드·니코틴·중금속 등의 성분과 결합하여 불용화시킴으로 해독, 살균, 노화 억제 효과 등이 있어 기능성 식품으로 이용된다.

차(茶)는 영양소를 위해 섭취하는 식품은 아니지만 기호성을 중심으로 발달된 것으로, 식품공전에서는 '다류라 함은 식물성 물질을 주원료로 하여 제조·가공한 침출차·추출차·분말차·과실차·커피 등 음용을 목적으로 하는 기호성 식품을 말한다.'라고 정의하고 있다. 가공 방법은 전통의 볶음식 덖음 가공과 대규모 산업에 유리한 증제식으로 나누어 볼 수 있으며, 소규모 업체에서는 주로 수공업적 덖음 가공 형태를 취하고 있다.

가. 침출차의 특징과 가공

(1) 침출차의 분류

○ 단일 침출차 : 대부분의 차는 단일 침출차에 속하며, 단일 식물의 싹, 순, 씨앗, 잎, 꽃, 줄기, 뿌리, 열매 또는 단일 곡류 원료를 그대로 침출하거나 소포장한 것을 물에 넣고 차 성분을 침출시켜 여액을 음용하도록 제조된 것이다.

○ 혼합 침출차 : 단일 침출차를 2종 이상 혼합하거나 가공한 것으로 대표적으로 현미녹차가 이에 해당된다.

(2) 차의 분류

○ 발효 정도에 따른 분류

- 비발효차(0%)

찻잎을 전혀 발효시키지 않고 만든 차로 녹차류(엽차, 말차)가 이에 해당한다. 녹차는 가마에서 볶는 덖음차와 시루에서 찌는 증제차가 있다.

- 반발효차(10~65%)

찻잎의 폴리페놀 성분을 햇빛이나 실내에서 10~65% 정도 발효시켜 만든 차로, 자스민차는 15~20%, 오룡차는 60~70% 부분 발효시킨 차이다.

- 발효차(85% 이상)

85% 이상 발효된 차로 떫은맛이 강하고 차의 색이 등홍색으로 나타난다. 대표적인 발효차로는 홍차가 있다.

- 후발효차

차의 효소를 파괴시켜 찻잎을 퇴적시킨 다음 공기 중의 미생물이 번식할 수 있도록 하여 발효시킨 차를 말한다.

○ 잎의 형태에 따른 분류

- 백차

솜털이 덮인 차의 어린 싹을 건조시켜 만든 차로, 차싹이 크고 솜털이 많은 것을 선택하여 24절기 중 청명 전후 이틀 사이에 제조한다. 특별한 가공과정 없이 건조시키면서 약간의 발효가 일어나도록 하므로 비교적 간단하게 제조할 수 있다.

- 녹차

차의 싹이나 잎을 따서 바로 증기로 찌거나 솥에서 덖어 만든 비발효차이다. 우리나라는 주로 덖음차가 많이 이용된다.

·증제차 : 차잎을 100℃ 정도의 증기로 30~40초간 찌면 차잎의 산화효소가 파괴되어 녹색이 유지된 증제차가 제조된다. 생잎 중 78%의 수분을 열풍 건조하여 약 50%로 감소시키고(조유공정), 비벼서 수분함량을 일정하게(유념공정) 한 다음, 교반·가압하며 열풍을 가하여 수분함량을 26%까지 감소시킨다(중유공정). 이후 차잎의 내부 수분을 완전히 배출시켜 최종 4~5% 수분함량이 되도록 건조(정유공정 및 건조)한다. 말차는 차잎을 증기로 찐 다음 건조하여 미세한 가루로

만든 것으로 그대로 물에 타서 마시거나 식품 첨가용(빵, 아이스크림 등)으로 이용될 수 있다.

·옥록차 : 생잎을 증기로 찐 다음 덖음차와 같이 구부러진 모양으로 만든 차로, 엽록소의 파괴가 적어 녹색이 강한 것이 특징이다.

·덖음차 : 솥에서 차잎을 덖어 생잎 중 산화효소를 불활성화시키고, 덖음 과정으로 구수한 맛을 내는 것이 특징이다.

- 황차

황차는 차잎의 색·우려낸 색·차잎 찌꺼기 모두 황색을 띠는 것이 특징으로, 차잎을 쌓아두고 습열 상태에서 차잎의 성분이 변화하는 과정으로 제조된다. 녹차와 오룡차(우롱차)의 중간에 해당되며, 엽록소가 파괴되어 황색을 띠고, 떫은맛을 내는 카테킨 성분이 50~60% 정도 감소되어 차의 맛이 부드럽다.

- 오룡차(우롱차)

녹차와 홍차의 중간 정도에 해당하며, 발효정도는 20~65% 정도로 반발효차이다. 이러한 반발효차는 기름기가 많은 요리에 잘 어울리며, 느끼한 맛을 없애주고 소화를 돕는 작용을 한다.

- 홍차

발효 정도가 85% 이상으로 떫은맛이 강하고 등홍색을 띠는 차이다. 녹차와 오룡차(우롱차)와 같이 잎차의 형태로 생산되었으나, 최근에는 티백용의 파쇄용 홍차가 많이 제조되고 있다.

- 흑차

후발효차에 속하는 흑차는 차잎이 흑갈색을 나타내고 우려낸 물은 갈황색 또는 갈홍색을 띤다. 차가 완전히 건조되기 전, 곰팡이가 번식하도록 하여 자연히 후발효를 일으킨 것으로, 처음 마실 때 곰팡이 냄새가 나지만 독특한 풍미와 부드러운 특징을 가진다.

- 화차

재가공 차류에 속하며, 차를 향화와 함께 밀폐된 항아리에 넣어 만든다.

- 긴압차

차잎을 틀에 넣고 가압하여 다양한 형태로 성형한 차엽을 말한다. 종류와 가공방법에 따라 흑차류긴압차, 녹차류긴압차 등이 있다.

- 채취 시기에 따른 분류

차잎 채취 시기에 따라 동지 뒤 셋째 날 전후에 만든 차를 납차, 춘분 전후에 만든 차를 납전차·납후차·사전차, 한식 전후에 만든 차를 화차, 곡우 전후에 만든 차를 우차, 입하 전후에 만든 차를 우전차·우후차·입하차로 분류한다. 녹차류는 보통 우전(雨前)·세작(細雀)·중작(中雀)·대작(大雀)으로 나뉘며, 우전은 곡우 전, 세작은 우전 다음 어린잎으로 4월 말 정도까지 만든 차이다. 중작은 세작과 대작의 중간으로 가장 대중화된 차이고, 대작은 5월 말까지 제일 큰 잎으로 채취된 것이다. 또 다른 분류로는 4월 중순부터 5월 초순까지 채엽하는 첫 물차, 6월 중순부터 하순까지 채엽하는 두 물차, 8월 초순에서 중순 사이에 채엽하는 세 물차, 9월 하순부터 10월 초순 사이에 채엽하는 네 물차로 분류한다.

나. 추출차

(1) 액상추출차

기호성 식물이나 야생 식물류를 추출하여 그대로 또는 첨가물을 가하여 농축하거나 시럽 혹은 액상으로 가공한 것으로, 추출은 주로 물로 가압추출하거나 에탄올을 이용하여 추출하며, 추출 식물 종류에 따라 추출 방법을 다양하게 이용할 수 있다. 현재 홍삼을 오랫동안 달여 만든 홍삼액 추출차가 제조·판매되고 있다.

(2) 고형추출차

고형추출차는 편의성을 위하여 차의 성분을 추출한 다음 물에 잘 녹는 부형제와 추출물을 혼합·건조하여 분말상으로 제조한 것을 말하며, 기호성에 따라 첨가물을 조절한 후 벨트식 건조기에서 분말화한다. 부형제로는 정제포도당, 유당, 분말 덱스트린 등이 사용된다.

다. 분말차

분말차의 정의는 '식물성 물질을 그대로 가공한 것 또는 이에 다른 식품이나 식품첨가물을 가하여 분말 또는 조분말상으로 가공한 것으로서 물을 가하여 그대로 음용하는 기호성 식품'이며, 율무차, 곡류분말차 등이 이에 속한다.

라. 과실차

① 분말과실차
과실의 즙, 과육 또는 과피 등을 가공하거나 이에 다른 식품을 첨가하여 분말상으로 가공한 것이다.

② 액상과실차
과실의 즙, 과육 또는 과피 등을 가공하거나 이에 다른 식품을 첨가하여 액상으로 가공한 것으로 물에 희석하여 음용하는 오미자, 유자, 복분자 등의 제품이 있다.

마. 국산차

국산차로는 곡류, 뿌리, 껍질, 잎 또는 과실 등의 원료의 형태에 따라 분류하기도 한다. 차나무잎을 원료로 하지 않기 때문에 대용차로 불리기도 한다. 인삼차, 율무차, 땅콩차, 두향차, 쌍화차, 칡차, 생강차, 유자차, 감귤차, 솔잎차, 매실차, 오미자차, 둥굴레차 등으로 소비되며 다음과 같은 가공형태로 제품화되고 있다.

① 분말차: 곡류 등을 가루로 만들어 따듯한 물에 타서 마실 수 있게 만듦
② 진액(extract): 생약재 등의 유효성분을 추출하여 농축
③ 인스턴트차: 추출한 성분을 분무건조하거나 과립화함
④ 액상차: 과일을 으깨거나 절단하여 과육이 함유되도록 당액에 절임
⑤ 티백(tea bag)
⑥ 캔음료

바. 코코아 제품

코코아(cocoa) 제품의 원료가 되는 카카오 두(cacao beans)는 브라질, 가나, 에콰도르 등의 적도 부근 카카오 나무(*Theobroma cacao*)에서 수확한다. 수령이 10년 이

상 된 성과수에는 70~80개의 과실을 수확하며 과실 1개에는 25~30개의 종자가 나온다. 종자를 2~3일간 발효시킨 후 건조시키면 점질물이 제거되어 카카오 콩을 얻게 된다. 카카오 콩에는 알칼로이드 성분인 테오브로민(theobromine)이 들어있어서 이뇨작용과 흥분작용이 나타난다. 건조한 카카오 콩을 110~150℃에서 25~30분 정도 볶으면 탄닌이 산화중합되어 쓰고 떫은맛이 줄어들어 초콜릿색이 되며 특유의 향기를 갖는다. 코코아 열매를 롤러로 빻으면 끈끈한 액체인 초콜릿 매스(chocolate mass)가 되며 이 속에는 노란색 지방인 코코아버터가 53% 들어있다. 이것을 압착하면 10~25%의 지방을 함유한 코코아 분말(cocoa powder)이 얻어지며 코코아 음료의 원료가 된다.

카카오 페이스트에 분유, 설탕, 카카오 버터, 유화제 등을 넣고 혼합·성형하여 냉각시키면 초콜릿이 되며 제과 등에 널리 이용된다. 화이트 초콜릿(white chocolate)은 카카오를 전혀 사용하지 않는 제품으로 쓴맛이 없고 우유의 맛과 흰 색깔이 특징이다. 코코아 제품은 다음과 같은 식품으로 이용된다.

① 과자
- 초콜릿
- 비스킷과 케이크: 초콜릿비스킷, 초코칩쿠키, 초콜릿케이크, 초콜릿웨이퍼 등
- 캔디, 캐러멜: 캔디, 캐러멜, 누가 등
- 정제: 코코아 정제
- 케이크와 과자 코팅, 장식용

② 아이스크림
- 아이스크림 바 코팅, 초콜릿 아이스크림, 아이스크림 속의 초콜릿 시럽, 초콜릿 시럽 토핑 등

③ 유제품
- 초콜릿 탈지분유, 초콜릿 크림(초콜릿액 10%), 초코우유(코코아 1.0~1.5%) 등

④ 음료: 초콜릿, 코코아 음료 등

⑤ 제약: 정제 코코아, 가루 등

사. 커피

국내에 커피가 들어온 것은 130여 년 전이지만 한국전쟁 이후 서구 문명의 전파로 인해 대중적인 기호 식품으로 자리를 굳혔다. 1970년대 인스턴트커피 시장이 호황이었으며 1980년대 후반부터 원두커피전문점이 등장했다. 이를 계기로 커피의 국산화가 이루어졌다.

(1) 커피의 품종

커피는 커피나무(*Coffea arabica*) 과실의 종자로부터 얻어지며 주로 아라비아 지방의 모카, 아프리카지방의 리베리아, 브라질의 산토스, 그리고 자바 등 적도를 중심으로 열대지방에서 생산된다. 기후와 토양조건에 따라 중남미에서 생산되는 양이 전체 생산량의 60%가 넘는다. 커피품종은 약 50여종으로 알려져 있으며 크게 아라비아(Arabica)종, 로부스타(Robusta)종, 리베리카(Liberica)종, 교배종(*C. canephora*)으로 나뉘고, 아라비아종이 75%를 차지하며 에티오피아 원산으로 2,000m 고지까지 재배된다.

(2) 커피의 가공

커피는 6.3~10.4mm의 종핵으로 조직이 매우 단단한데 성숙한 과실을 3주일 정도 자연건조한 다음 껍질을 파쇄하거나 물속에서 껍질을 벗긴 후 2일정도 발효 및 과육을 부패시켜 종자를 빼낸다. 종자의 수분함량이 9~11%정도 되도록 건조시킨다. 종자를 탈각한 다음 연마시켜 속껍질과 종피를 제거하면 커피원두를 얻게 된다.

건조한 원두를 회전드럼형 열풍배초기에서 220~230℃에서 4~15분간 볶거나 급속배초기에서 1.5~6분간 볶게 되면 클로로겐산(chlorogenic acid)을 주성분으로 하는 탄닌(tannin)이 산화 중합되어 특유의 색과 풍미를 갖고 수용성 성분이 증가하게 된다. 볶는 정도에 따라 커피맛이 달라지는데, 연하게 볶을 경우 옅은 다갈색을 띠고 신맛이 남게 되며, 강하게 볶으면 흑갈색이 되면서 쓴맛이 강해진다. 커피향은 500여 종 이상이 확인되었으며 이 중에는 아세트산(acetic acid), 아세트할데하이드(acetaldehyde), 아세톤(acetone), 메틸에틸아세트알데히드(methyl-ethyl-acetaldehyde), 푸르푸랄(furfural), 피리딘(pyridine), 피라진(pyrazine) 염기 등이 주로 들어있다. 국내에서 생산되는 인스턴트커피 종류로는 냉동건조커피, 과립커피, 분무건조커피, 탈카페인커피 등이 있으며 배전도나 분쇄커피도 시판되고 있다.

02 식품의 저장 원리와 방법

식품의 저장원리

모든 식품은 정도의 차이는 있으나 저장 중에 품질 저하를 수반하게 되며, 관능적 특성(색, 조직감, 향미), 영양가 및 안전성의 감소를 일으킨다. 이와 같은 변화가 때로는 식품의 맛을 좋게 하는 경우도 있으나 대개는 나빠진다. 식품이 어떠한 원인으로든 나쁘게 변하는 것을 변질(때로는 변패)이라고 한다.

식품은 방치될 때 쉽게 변화될 수밖에 없는 특성을 갖고 있어 식품의 가공 및 저장이 필요하다. 즉 식품의 가공 및 저장의 주요 목적은 ① 식품의 유통기한을 연장하고 계절적인 영향을 최소화하며 원료를 공급하는 것, ② 식품의 관능적 특성을 향상시키는 것, ③ 육체적·정신적 건강 증진에 필요한 영양소를 함유한 식품을 공급하는 것, ④ 식품원재료를 이용하여 새로운 부가가치를 부여한 식품을 제조하는 것, ⑤ 새로운 식습관의 변화를 유도하는 것이라고 할 수 있다.

식품가공 및 저장을 잘하기 위해서는 먼저 식품 저장 중에 일어나는 품질 저하의 요인을 잘 파악하여 그 원인을 해결하는 방향으로 식품저장에 주의해야 한다.

변패는 ①생물학적(미생물, 효소, 곤충·기생충 및 설치류), ②화학적(산소, 빛), ③물리적 요인(온도, 충격)으로 구분되며 식품의 품질저하는 종종 이들 요인들이 단독으로 작용하기보다 복합적인 작용에 의해 크게 영향을 받아 발생하는 현상이므로 식품저장에 유해요인을 차단할 수 있는 처리공정 기술이 필요하다.

가. 생물의 발육으로 생기는 변패

수분 함량이 많은 식품을 방치하면 부패하거나 발효하게 된다. 미생물(세균, 곰팡이, 효모 등)이 작용하기 때문에 일어나는 현상인데 특히 고기나 생선은 부패성 식품이라고 말할 정도로 변화가 빠르다. 부패와 발효는 유기물에 미생물이 작용하여 일으키는 분해 또는 전환작용을 말하는데 편의상 사람에게 유해한 물질이 만들어지면 부패라고 한다.

세균에 의한 식품의 분해작용의 변화를 보면 다음과 같다. 단백질은 여러 단계를 통해 아미노산으로 분해되며 아미노산은 암모니아, 인돌, 스카톨, 황화수소(H_2S) 등 불쾌한 냄새를 갖는 물질로 분해된다. 이들 물질이 썩은 냄새의 주체가 되는 것이므로 아미노산의 분해 과정이 부패현상과 가장 관계가 깊다. 곰팡이나 효모는 비교적 많은 탄수화물을 가지고 있는 식품에 잘 번식하며 단백질 식품에 번식하여 부패시키는 일은 드물다.

〈표 2-17〉 식품에 번식하는 미생물의 성질

구분	곰팡이	효모	세균
잘 번식하는 식품	당질(식물성 식품)	당질(식물성 식품)	단백질(동물성 식품)
대표적인 유해균	푸른곰팡이, 털곰팡이, 거미줄곰팡이	내당성 효모, 내염성 효모, 산막효모	점막균, 감자균, 젖산균, 낙산균, 대장균, 간상균
번식 한계온도(℃)	15~37	10~35	5~45
알맞은 pH	산성	산성	중성 또는 알칼리성
공기와의 관계	호기성	호기성, 혐기성	호기성이 많으며 혐기성인 것도 있다.
효소작용	가수분해	해당	가수분해, 탈아미노
분해생성물	유기산	알코올, CO_2	아민, 암모니아, 유기산, CO_2, H_2

이 외에도 파리나 구더기, 그 밖의 곤충들이 건조식품이나 곡물류에 피해를 주는 일도 있다.

나. 화학적 작용에 의한 변질

신선한 식품은 어느 것이나 여러 가지 효소가 있기 때문에 가열처리로 불활성화하지 않으면 효소작용으로 변질되기 쉽다. 옥시다아제(oxidase), 페록시다아제(peroxidase), 카탈라아제(catalase) 등은 식품의 품질, 특히 향기와 색깔을 변화시켜 풍미를 떨어뜨리게 된다.

이와 같은 효소적 변화 외에도 화학적 변화를 일으키는 인자로 산소를 들 수 있다. 산소는 식품의 향기와 색깔을 변화시키며 비타민 A와 C 같은 산화되기 쉬운 영양소를 파괴한다.

유지와 유지를 많이 함유한 식품은 오래 저장해 두면 차차 색이 변하고 맛이 떨어지며 불쾌한 냄새가 생기는데, 이 현상을 산패(rancidity)라고 한다. 이것은 유지가 공기 중의 산소와 화합해서 과산화물을 만들고 이 과산화물이 촉매가 되어 다른 지방들을 계속해서 산화시키기 때문에 일어난다. 이것을 유지의 자동산화라고도 하는데, 이 결과로 여러 가지 알데히드·케톤·저급 지방산들이 만들어진다. 이 현상은 온도가 높을수록 빠르며 수분, 광선, 중금속 등에 의해 촉진되다.

또 식품은 저장 중에 갈색으로 변하는 일이 많은데 이 현상을 갈변(browing)이라고 한다. 이 갈변으로 식품의 외관이 나빠질 뿐만 아니라 향기와 맛도 떨어지며 비타민이나 아미노산 같은 영양가도 낮아지게 된다. 그러나 때로는 간장, 된장, 홍차, 커피 등에 독특한 색깔을 주는 역할을 남당하기도 한다.

갈변의 원인에는 여러 가지가 있으며, 효소적인 것과 비효소적인 것으로 나누어진다. 예를 들어 사과를 깎아서 공기 중에 두었을 때 색깔이 변하는 것은 효소적 원인에 의한 것으로 이는 과육 중에 있는 클로로겐산이라는 폴리페놀이나 카데킨 등이 폴리페놀 옥시다아제라는 효소에 의해 산화되기 때문이다.

환원당과 아미노산이 반응해서 갈색물질을 만드는 아미노카르보닐 반응(메일라드 반응)은 비효소적인 것이다. 간장이나 된장이 숙성 중 갈변하는 것도 이 반응에 의한 것이다. 과즙이나 건조과실이 저장 중에 갈변하는 것도 이 변화에 의한다. 과실 가공품의 경우에는 이 반응 외에도 유기산과 당류, 유기산과 함질소 화합물, 유기산과 유기산과의 반응으로도 갈변이 일어난다. 이때의 유기산으로는 아스코르브산이 가장 중요한 역할을 한다.

다. 물리적 작용에 의한 변질

물리적 작용으로는 온도, 광선(햇빛 등), 수분 등의 영향을 생각할 수 있다.

① 온도에 의한 영향은 상온 근처에서는 별로 크지 않다. 즉 온도의 높고 낮음은 화학적 변화나 미생물에 의한 변화를 촉진 또는 억제하는 요소로서 중요하기는 하나 그 자신이 식품에 대해선 큰 영향을 주지 않는다.

② 광선은 화학적 변화를 촉진시켜 주는 작용이 있다. 따라서 태양광선을 직사한 것은 직사하지 않은 것보다, 밝은 곳에 저장한 것은 어두운 곳에 저장한 것보다 변질 정도가 커진다. 유지의 산패나 색소의 퇴색은 분명히 광선에 의해 촉진된다.

③ 수분과의 관계는 식품을 저장한 경우의 온도나 습도 차이로 수분이 증발되면 부피가 줄어 겉모양이 나빠진다. 이 현상은 수분이 많은 신선한 식품일수록 심하다. 반대로 건조식품에서는 공기 중의 수분을 흡수해서 변색, 곰팡이 번식, 향기의 변화, 모양의 악화 등으로 저장성이 줄게 된다.

저온저장

가. 저온저장 원리

식품의 저온저장은 식품에 열처리를 통한 살균이나 수분제거 없이 온도를 낮춤으로써 식품 자체의 품질을 가능한 한 오래 유지할 수 있는 방법이다. 낮은 온도에서의 식품저장은 미생물의 번식과 효소반응, 성분 간의 화학반응이 억제되어 이들에 의한 식품의 변질 속도가 감소된다.

저온저장은 동결점 이상에서 저장하는 냉장과 동결점 이하에서 저장하는 냉동저장으로 나눈다. 식품의 어는점(빙점)은 식품의 수분 함량에 따라 다르다(표 2-18). 식품의 온도를 낮추어 저장성을 향상시키는 것은 주로 식품의 효소반응과 성분 간의 화학적 반응을 억제하고 미생물의 번식을 지연시키는 원리로 이루어진다.

〈표 2-18〉 식품의 수분함량과 빙점

식품	수분함량(%)	빙점(℃)
채소	78~92	-0.8 ~ -2.8
과일	87~95	-0.9~-2.7
육류	55~70	-1.7~-2.2
어류	65~81	-0.6~-2.0
우유	87	-0.5
달걀	74	-0.5

(1) 효소 및 비효소적 화학반응

식품을 냉동할 경우 대부분의 자유수는 동결되고 일부 수분과 결합수만이 남게 된다. 동결되지 않는 수분도 냉동온도가 -30℃ 이하로 내려가면서 거의 동결된다. 이 과정에서 식품의 고형분은 동결되지 않은 수분 내에 농축된다. 화학반응은 온도가 내려가면서 반응속도가 크게 낮아지지만 고형분 농도의 증가로 화학반응이 가속화될 수도 있어 반응 종류에 따라 전체적인 반응속도의 증감은 달라진다. 식품이 동결되었다고 관능적으로 판정할 때에는 약 80%의 물이 동결된 상태이다. 이때의 온도는 식품에 따라 다르나 -4~8℃ 범위이다. 전반적인 화학반응은 낮은 온도로 인하여 반응속도가 크게 낮아지지만 동결이 충분이 이루어지지 않았을 때에는 약 20% 이상의 수분이 남아있어 고형분이 농축된 상태가 되면서 어떤 경우에는 성분 간의 화학적 반응이 증가된다. 또한 단백질 변성과 같은 성분구조적 변화는 동결되지 않은 상태보다 빠르게 진행된다고 알려져 있다.

(2) 미생물 번식억제와 살균

저온저장이 미생물에 미치는 영향은 저장 온도에 따라 다르다. 냉동저장에서는 미생물의 번식이 정지되지만 저장 온도가 동결점 이상인 냉장에서는 미생물에 의한 식품의 변질이나 부패는 서서히 진행된다. 그 이유는 냉장온도에서 중온균과 고온균의 증식은 거의 일어나지 않지만 저온균은 0℃에서도 서서히 번식하기 때문에 저온균에 의한 식품의 변질이 진행되는 것이다. 곰팡이와 효모도 냉장온도에서 발육하여 냉장고에 넣어두었던 빵이나 떡에 곰팡이가 번식하는 것을 볼 수 있다.

식품에서 대부분의 미생물 번식을 저해할 수 있는 온도는 -5℃ 이하이다. 냉동식품에서 미생물의 번식이 어려운 이유는 다음과 같다.

① 동결 시 동결되지 않고 남아있는 수분에는 수용성 고형분이 농축된다. 그 결과 삼투압이 높아져 세균은 가사상태에 있게 되어 번식을 못하게 된다. 하지만 높은 삼투압은 곰팡이와 효모에는 효과적이지 못하다.
② 동결에 의한 자유수의 감소로 미생물이 이용할 수 있는 영양소의 공급이 원활하게 되지 않아 미생물이 기아상태에 도달하게 되어 자연히 사멸하게 된다. 이 현상은 수분을 많이 필요로 하는 곰팡이나 효모에도 영향을 준다.
③ 동결에 의한 살균력은 동결과 해동을 반복할 때 효과가 높아진다. 또한 미생물 주위에 소금농도가 높아지면 살균력이 더 강해진다.
④ 균의 포자는 동결에 의해 사멸되지 않으며 일부 병원성 바이러스도 생존할 가능성이 있다. 그러므로 동결하고자 하는 식품 원료는 위생적 처리가 반드시 필요하다.
동결은 미생물의 증식을 차단하고 일부 살균시키기도 하지만 미생물을 완전히 사멸시키는 저장방법이라고는 할 수 없다. 따라서 동결식품의 원료는 위생적인 처리를 반드시 해야 한다.

나. 냉장

냉장은 일반적으로 식품을 0~10℃ 범위의 동결점 이상에서 저장하는 것으로 상업적으로는 1~5℃에서 저장하고 있다. 냉장하는 식품은 자연 상태에서 보관할 때 상하기 쉬운 식품이거나 신선한 맛을 오래 유지할 필요가 있는 식품이다. 과일류나 채소류는 호흡작용으로 신선한 맛과 색, 형태, 무게가 변하게 되고 호흡을 하지 않는 육류·어류는 주로 미생물 증식과 자기분해에 의해 변질되므로 이들 식품을 냉장하게 된다. 냉장에 의한 품질유지기간은 수년간 저장이 가능한 냉동이나 살균보다는 훨씬 짧다. 냉장은 변질되기 쉬운 식품의 저장기간을 더 연장시키는 방법으로 저장기간의 연장 정도는 냉장 온도에 따라 다르다. 낮은 온도에서의 식품 저장은 미생물의 증식 속도, 화학적 반응 속도, 과일채소류의 호흡 속도와 숙성 속도를 감소시킨다.
냉장은 일반적으로 저장성을 향상시켜주는 장점이 있지만 냉각을 너무 빠르게 하거나 빙점에 근접하게 냉각할 때 바람직하지 않은 품질 변화가 일어날 수 있다.

빵류의 노화는 낮은 온도에서 오래 놓았을 때 일어나는 현상으로 호화 전분의 재결정화가 주원인이다. 빵류의 노화현상은 다음과 같다. 빵류의 노화는 2~35℃에서 잘 일어나며 60℃ 이상에서는 잘 일어나지 않는다. 떡류의 노화현상 또한 빵류와 유사하다〈표 2-19〉.

〈표 2-19〉 떡 · 빵류의 노화현상과 노화방지책

떡·빵류의 노화현상	떡·빵류 노화방지책
① 탄력성이 상실되고 단단해짐 ② 거칠어지고 부스러지기 쉬움 ③ 건조현상	① 60℃ 이상이나 −10~ −50℃에서 저장 ② 당류(맥아당, 설탕, 올리고당, 포도당 등) 첨가 ③ 계면활성제 첨가 ④ 노화억제효소 첨가

다. 냉동

식품의 냉동은 호흡작용 등의 생리적 반응은 물론 미생물의 증식, 효소반응, 화학반응을 정지시키거나 현저히 감소시킴으로써 식품을 장기간 보존할 수 있는 저장방법이다. 냉동은 일련의 식품가공공정 중 하나의 단위조작이기도 하며, 아이스크림과 같은 냉동식품의 경우에는 가공방법으로서의 의미도 포함하고 있다. 그러므로 냉동은 냉장과는 달리 저장과 가공의 의미를 동시에 갖고 있다.

냉동에 의한 식품의 저장효과는 ① 어는점(빙점) 이하의 낮은 온도에 의한 효과, ② 낮은 수분활성도에 의한 효과로 이루어진다. 일반적으로 미생물은 -10~-12℃에서 증식이 되지 않는다. 냉동과정 중 수분의 얼음결정 형성으로 수용성 물질은 농축되고 수분활성도는 감소한다. 냉동저장의 큰 장점은 적절한 냉동을 하였을 경우 다른 저장 방법에 비하여 식품의 영양적 품질과 관능적 품질 변화가 매우 적다는 것이다. 식품에서의 냉동기술 이용은 광범위하여 육류, 수산물, 과일채소류에 널리 이용되고 있으며 빵류와 아이스크림, 냉동피자, 냉동조리식품 등도 냉동으로 유통되고 있다.

가열살균에 의한 저장

가열살균법을 이용한 대표적인 식품은 병조림과 통조림이다. 가열살균 때의 온도와 시간은 식품의 특성(수분, pH, 열전도도 등)과 존재하는 미생물의 종류와 그 수, 저장기간 등에 따라 달라진다<표2-20>.

〈표 2-20〉 미생물의 생활 상태와 온도와의 관계

온 도	미생물의 생활상태
0℃(32℉)	미생물의 성장이 정지한다.
4.4~15.7℃(40~60℉)	미생물의 성장이 억제된다.
15.7~37.8℃(60~100℉)	가장 잘 번식한다.
40.6℃(105℉)	대부분의 미생물이 성장을 정지한다.
48.9~71.1℃(120~160℉)	호열성 세균은 잘 번식한다.
65.6~87.8℃(150~190℉)	미생물 생활세포는 사멸한다.
100℃(212℉)	장시간 가열로 포자가 사멸한다.
121.1℃(250℉)	단시간 가열로 모든 포자가 사멸한다.

가열살균에 관여하는 요소들

가. 미생물의 종류와 열저항성

미생물 중 곰팡이와 효모는 열에 약해 비교적 낮은 온도에도 사멸한다. 그런데 세균은 그 종류가 <표 2-21>과 같이 다양하며 일정하지 않다.

〈표 2-21〉 세균의 생육온도

종 류	최저온도 [℃]	최적 온도 [℃]	최고온도 [℃]
저온세균	0	15~30	30~40
중온세균	5~15	25~40	45~55
고온세균	25~15	45~60	70~80

(1) 식품성분과 첨가조미료 등의 영향

세균(특히 포자)의 내열성은 식품성분 또는 첨가되는 조미료 등의 영향을 크게 받는다.

○ 소금의 농도

4% 이하에서는 내열성을 보호하나 농도가 짙어짐에 따라 내열성이 줄어드는 경향이 있다. *Cl. botulinum*의 포자가 갖는 열저항력은 소금 농도가 약 6% 이하에서는 거의 줄지 않고 오히려 0.5~1% 근처에서는 조금 커지는 경향이 있으며, 10~20%가 되면 심하게 줄어든다. 따라서 채소통조림 안에 들어 있는 소금 농도는 오히려 세균의 내열성을 크게 하고 있다.

○ 소금절임에 쓰이는 소금 이외의 염류

$NaNO_3$나 $NaNO_2$는 포자의 내열성과 거의 관련이 없다.

○설탕 및 기타의 탄수화물

설탕용액의 농도를 증가하면 포자의 내열성은 높아지는 경향이 있다. 이는 세균뿐 아니라 곰팡이와 효모에서도 마찬가지이다. 녹말은 내열성과 관계가 없으나 불포화지방산과 같이 내열성을 약하게 하는 물질을 흡착하는 작용이 있다.

효모의 가열사멸시간과 설탕 농도의 관계를 보면 〈표 2-22〉와 같다.

〈표 2-22〉 효모의 가열사멸시간과 설탕 농도

기질종류	pH	100 ㎖중 설탕[g]	비중 [Bé]	가 열 시 간 [분]							
				4	8	12	16	20	25	30	40
과 즙	3.5	10	6.6	+	–	–	–	–	–	–	–
		40	18.9	+	–	–	–	–	–	–	–
		60	27.6	+	+	+	+	+	+	–	–
		80	37.3	+	+	+	+	+	+	+	–
옥수수 즙 액	7.3	10	6.6	–	–	–	–	–	–	–	–
		40	18.9	+	–	–	–	–	–	–	–
		60	27.6	+	+	–	–	–	–	–	–
		80	37.3	+	+	+	–	–	–	–	–

* 가열온도 : 52.8~55.6℃, – : 사멸, + : 생존

○ 지방

내열성을 크게 하는데, 기름 속에 있는 세균이나 포자를 사멸시키는 것이 상당히 힘들며 내열균이 아닌 균도 고온살균에 견디는 일이 많다. 이때의 사멸은 건조살균의 조건과 비슷해서 물을 첨가하면 살균시간을 줄일 수가 있다.

○ 단백질

젤라틴과 같은 단백질은 내열성을 크게 하는 데 도움이 된다.

○ 향신료

내열성을 약하게 하는 것이 많은데 예를 들어 겨자, 정향, 양파, 후추, 마늘 등의 정유가 있다.

(2) 열전도도와의 관계

가열살균을 할 때 식품 내부에 열이 전달되는 모양은 식품에 따라 다르다. 열의 전달은 대류, 전도, 복사에 의해 이루어지는데 통조림의 경우는 대류와 전도이다.

대류는 전도보다 열의 전달이 빠르며 수분이 많은 식품(과즙·수프 등)은 주로 대류로 열이 전달되므로, 비교적 단시간에 중심부의 온도가 필요한 온도에 도달하게 된다. 그러나 같은 액체라도 토마토 퓌레와 같이 농도가 짙어 점도가 높은 것은 대류뿐 아니라 전도에 의해서도 열이 전달된다.

그러나 고구마나 감자를 으깬 것이나 생선묵 같은 연제품 등은 열의 전도로만 내부의 온도가 올라가므로 중심부가 필요한 온도에 도달하기까지는 상당한 시간이 필요하게 된다. 따라서 완전한 가열살균을 하려면 중심부의 열전도도를 미리 실험적으로 구해 두어야 한다.

(3) 습열과 건열

수분의 유무에 따라 열에 의한 살균효과는 크게 달라진다. 보통 미생물을 건조 상태로 가열한 경우의 살균효과는 습기가 있을 때보다 떨어진다. 습열에 의한 세균의 사멸은 세포 내 단백질의 응고로 일어나는 데 반해 건열의 경우는 그 사멸이 세균의 산화 과정으로 일어나는 것으로 알려져 있다. 따라서 건열의 경우는 세균의 치사량이 차차 증가하는 반면, 습열의 경우에는 대수적(logarithmic)으로 증가한다. 수증기에 의한 살균이 효과적인데, 통조림의 경우 밀봉되어 있기 때문에 용기 내의 수분 존재량이 살균 효과에 큰 영향을 주게 된다.

나. 가열살균에 의한 식품저장의 영향

(1) 저온살균에 의한 저장 영향

저온살균(pasteurization)은 약한 가열 처리를 하기 때문에 품질수명(유통기간)을 며칠에서 몇 주간만 연장시킬 수 있다. 즉 끓는점보다 낮은 온도, 보통 60~70℃에서 수 분 또는 수십 분 동안 가열하는 방법으로서 과실, 과즙, 맥주, 술, 간장, 우유 등 고열처리로 영양적 특성이나 관능적 특성에 큰 영향을 받지 않는 제품에 이용하고 있다. 이 방법으로 존재하는 미생물을 모두 사멸시킬 수는 없으나 술, 맥주, 과즙과 같이 알코올이나 여러 가지 유기산이 들어 있는 제품에서는 비교적 낮은 온도라도 많은 수의 미생물이 죽게 되며 포자가 남아 있다하더라도 발육하기 어려우므로 비교적 오랫동안 저장 된다. 그러나 우유의 살균은 단순히 병원균을 죽여 위생상 안전하게 할 뿐이지 장기간 저장할 수는 없다.

(2) 고온 및 초고온 살균에 의한 저장 영향

고온살균(sterilliaztion)과 초고온살균(high temperature short time sterilization)은 저온살균과는 달리 식품의 저장과 유통기간을 장기간 연장시키는 방법이다. 이들 방법은 높은 온도에서 식품을 살균시키기 때문에 식품의 영양적, 관능적 특성 품질 변화가 일어난다. 그리하여 고온에서의 가열조건(온도와 시간) 최적화는 식품의 주요 품질 특성 변화를 최소한으로 억제시키면서 살균목표를 이루는 것이다. 이들 두 방법 간에는 각각의 장단점이 있어 식품에 대한 영향을 비교하면 다음과 같다.

○ 고온살균에 의한 영향

고온살균은 100℃ 또는 그 이상의 온도로 미생물을 사멸시키는 방법으로, 통조림이나 병조림에 이용해 왔으나 품질면으로 보면 가열온도가 높을수록 내용물의 변화를 가져오고 있다.

식품에 따라서는 어느 한도 이상의 고열을 받으면 품질이 심하게 변하는 것이 있다. 그러므로 통조림의 가열살균은 위생상 악영향을 주지 않는 종류의 내열성 세균은 무시하고, 직접 내용물을 변하게 하거나 위생상 유해하다고 생각되는 종류의 세균을 대상으로 가열살균을 하고 있다. 이와 같은 살균을 가공(processing) 또는 상업적 살균(commercial sterilization)이라고 하며 실제 멸균법과 구별하고 있다. 100℃ 이상으로 살균할 때는 레토르트를 사용해 수증기를 불어넣어 압력하에서 살균한다.

○ 고온순간살균에 의한 영향

고온순간살균법은 식품의 품질과 영양가를 저하시키지 않고 살균 목적을 확실히 달성시키는 방법이다. 이 방법은 살균의 가열온도를 10℃ 올리면 변패에 관여하는 세균이나 그 포자에 대한 파괴력은 약 10배가 되나 열에 의한 식품의 품질 저하는 10℃ 상승에 대해 2~3배에 지나지 않는다는 사실에서 고안된 것이다. 따라서 비교적 저온에서 오랫동안 가열하는 것보다 고온에서 순간적으로 가열한 것이 품질의 변화가 적다. 열에 불안정한 비타민 B1(티아민)의 열에 의한 손실을 적게 하기 위해선 고온순간살균이 좋다.

건조에 의한 저장

식품을 건조하여 저장하는 방법은 오래전부터 이용되어 온 방법으로 식품 중의 미생물이 활용할 수 있는 수분의 양을 감소시켜 미생물의 생육을 억제하는 원리를 이용한 것이다.

식품 중의 수분은 식품 내에서 가용성 성분의 용매로 존재하거나 또는 당, 아미노산 등과 같이 식품의 구성성분과 화학적으로 결합된 상태로 존재하는데, 전자를 자유수(free water), 후자를 결합수(bound water)라 한다. 자유수는 식품 내의 화학반응을 매개하며, 증발이 가능하여 수증기압에 기여하며 미생물이 이용할 수 있는 수분이다. 결합수는 수분이 분자 상태로 식품의 구성성분 등과 결합되어 있는 형태이므로 수분의 성상을 나타내지 않고 있어 미생물들이 생육을 위해서 이용할 수 없다.

식품 중 수분의 양이 많을수록 미생물이 번식하여 변패하기 쉽지만, 수분함량이 30~40% 정도로 낮으면 세균의 생육이 억제된다. 여기에서 주의할 것은 생육은 억제되나 미생물의 포자가 건조에 내성을 갖고 있으므로 미생물의 사멸이 이루어지지 않으며, 식품이 수분을 재흡수하게 되면 포자가 발아하여 세균의 번식에 의한 변질이 발생하게 된다.

미생물이 식품 중의 수분을 어느 정도까지 이용할 수 있는가를 나타내는 것을 수분활성(water activity, Aw로 표기함)이라 하는데, 식품을 용기에 밀봉해 두었을 때 식품의 수분이 용기 내의 상대습도와 평형을 유지하게 되며 이때의 상대습도를 식품의 수분활성(또는 평형상대습도)이라고 한다. 미생물은 각각 생육에 필요한 Aw값을 갖는데, Aw가 1에 가까운 것일수록 수분이 많은 것이며, <표 2-23>에서 보는 바와 같이 세균은 수분 함량이 많은 환경에서 생육함을 알 수 있다.

〈표 2-23〉 미생물의 증식 가능 최저 수분활성도(Aw)

미생물	세 균	효 모	곰팡이	호염세균	내압효모
최저 Aw	0.91	0.88	0.80	0.75	0.60

식품을 저장할 때는 식품의 수증기 압력이 상대습도의 70% 정도가 되게, 즉 Aw가 0.7 이하가 되게 건조하여 실온으로 저장하면 일반식품에서는 미생물에 의해 변패되지 않는다. 이 조건은 식품의 수분 함량으로 말하면 분유는 8%, 밀가루에서는 13~15%, 녹말의 경우 18% 정도가 된다.

식품 자체의 Aw를 충분히 낮게 건조하여도 외부환경과 수분을 완전히 차단하지 못하면 습기가 많은 계절이나 장소에서는 흡수로 인하여 Aw가 올라가게 되어 곰팡이가 번식할 수 있으므로 주의해야 한다.

식품을 건조하는 동안 건조공정 중 건조조건에 의하여 식품의 물리·화학적 변화가 유발되어 건조식품의 품질 변화가 발생한다. 건조 시 발생하는 물리적 변화와 화학적 변화를 살펴보면 나음과 같다.

(1) 물리적 변화

① 가용성물질의 이동 : 건조가 진행됨에 따라 가용성물질이 수분과 함께 표면으로 이동하여 건조 후에 표면에 축적된다.

② 표면경화 : 과일, 육류, 생선 등을 건조할 때 표면이 단단해지고 침투성이 저하되어 건조 속도가 낮아지는 현상이 발생한다.

③ 수축(shrinkage) : 냉동건조를 제외하고는 건조과정 중 수축현상이 일어나는데 수축 정도는 건조 속도와 밀접한 관련이 있다. 건조 초기에 건조 속도가 느리면 수축 정도는 증발된 수분량과 직선적인 관계를 나타내나, 건조가 진행됨에 따라 수축 정도는 감소한다.

④ 복원성 감소 : 건조 중 조직의 변화나 용질의 이동, 휘발성 성분의 손실이 발생하며 이 과정 중 단백질이 부분적으로 변성되어 물에 담근다 하더라도 물을 재흡수하지 못하게 된다.

⑤ 휘발성 성분의 손실 : 식품이 건조될 때 증발하는 수분과 함께 방향성분이 손실되어 식품 본래의 고유한 방향을 잃게 된다. 이는 동결건조나 진공건조 등에 의하여 감소시킬 수 있다.

(2) 화학적 변화

① 갈변반응 및 색소의 파괴 : 과일이나 채소에 함유되어 있는 폴리페놀은 폴리페놀 산화효소에 의해 산화가 있어나 갈색으로 변화하며, 당과 아미노화합물과의 작용에 기인하는 maillard 반응으로 인한 비효소적 갈변현상으로 인한 변색은 품질 저하의 큰 원인이 된다.

② 지질의 산화 : 식품이 건조되는 동안 공기 중의 산소와 접촉하여 열처리를 받기 때문에 식품성분들이 산화반응을 일으킨다. 지질의 산화에 의하여 변패취가 생성되며 일반적으로 저온건조보다 고온건조에서 쉽게 산화되어 산패를 일으킨다.

③ 비타민의 파괴 : 건조과정 중 비타민 C, 비타민 B_1(티아민)의 파괴율이 높으며, 지용성 비타민은 수용성 비타민에 비하여 손실이 적다. 비타민 C는 수분함량이 높을 때 열에 불안정하므로 건조 초기의 온도를 낮추는 것이 좋다.

④ 단백질 변성 및 아미노산의 파괴 : 건조 초기의 식품온도가 55℃ 이상 되면 단백질이 변성되는데 건조식품의 조직감, 보수력, 용해성, 수축 등에 영향을 미친다. 육류제품의 건조 시 섬유질의 직쇄상 폴리펩타이드사슬 사이의 수분이 제거되고, 인접한 폴리펩타이드사슬이 상호접근하여 결합을 이루어 견고한 구조가 된다. 건조공정 중 열에 약한 아미노산의 경우 파괴가 일어나기도 한다.

건조가 지니는 단점을 보완하기 위하여 전처리가 행해지는데, 끓는 물이나 증기를 이용한 블랜칭[1], 마이크로웨이브를 이용하는 블랜칭 등이 있으며 또한 화학물질을 이용하는 방법, 설탕이나 소금용액 등에 침지하는 방법 등이 이용되고 있다.

1) 식품을 열처리하여 식품내에 존재하는 산화효소 등 각종 품질 변화를 유발하는 효소를 활성화 시키는 것.

블랜칭 조작은 과일이나 채소류의 조직 중에 함유되어 있는 각종 산화효소들을 불활성화시키기 위한 것으로 효소의 불활성화로 인하여 이취 발생, 조직 및 색의 변화, 영양성분 등의 손실 등 품질 변화를 막을 수 있으나 가열로 인해 세포벽이 약해져 무기질이나 비타민 C 등의 유출이 일어난다.

식품의 건조방법은 일광건조법과 인공건조법으로 크게 나눌 수 있다. 일광건조와 열풍건조는 공기에 들어 있는 산소의 영향을 받아 식품의 성분이 산화하기 쉽다. 불을 이용하여 갑자기 건조시키면 식품 표면에서만 수분이 증발되고 건조되어 굳어지므로 내부로부터 수분의 발산이 늦어지며 건조가 고르지 못하여 균열이 생겨 제품 가치가 저하되는 표면경화현상(case hardening)이 발생한다.

냉동한 후에 건조시키면 단백질의 응고와 유지의 산화를 방지할 수 있고, 건조시킨 후에 가수하면 원형으로 환원되는 특징이 있다.

가. 일광건조법

햇볕을 이용하여 건조시키는 방법으로, 농산물과 해산물 등을 건조시킬 때 이 방법을 사용한다. 이 건조법은 조작이 간단하여 설비가 적어도 건조시킬 수 있으나, 대규모로 과일·채소 등을 건조시킬 때는 인공건조법에 의하는 것이 좋다. 또한 건조 도중에 해충 산란의 기회가 많아 피해를 입는 경우도 있고 이물질이 혼입될 가능성도 높으며 기후의 영향을 받으며 장기간의 건조시간이 필요하다.

최종 수분함량의 조절이 어려울 뿐만 아니라 산화반응이나 광화학반응 등으로 인하여 제품이 변색되거나 영양 성분이 파괴되는 등 경제적인 손실이 발생할 수도 있다.

〈그림 2-5〉 가지의 일광건조

나. 인공건조법

인공건조법은 기계장치를 이용하여 건조시키는 방법으로 식품 중의 수분을 감소시키는 방법에 따라 다양하다.

(1) 열풍건조법

가열한 공기를 내보내 식품을 건조시키는 방법으로 농산물, 육류, 어류 등을 이 방법에 의해 건조시킨다. 캐비닛형 건조기가 많이 보급되어 있다.

(2) 배건법

식품을 직접 불로 건조시키는 방법, 즉 볶는 과정으로 열의 이용률은 좋으나 식품 성분이 변화되기 쉽다. 그러나 특수한 향기를 낼 때 이 방법을 많이 사용한다. 예를 들어 보리, 옥수수, 커피, 차 등을 볶음으로써 질이 좋아진다.

〈그림 2-6〉 볶음기

(3) 감압건조법

식품을 상압하에서 건조하면 식품의 수분을 완전히 제거하기 어려워 저장 중 변질이 빨리 오게 된다. 이를 극복하기 위해 저온에서 감압하며 건조시키면 낮은 온도에서 수증기 형태로 식품 안팎에서 수분이 제거된다. 건조채소, 분유 등의 제조에 이용된다. 건조과정 중 산소가 적고 온도가 낮으므로 식품 성분의 변화가 적다.

(4) 냉동건조법

식품을 냉동시킨 후 저온에서 건조하는 방법이다. 단백질의 응고와 지방의 산화를 방지할 수 있다. 당면·건조두부·한천 등의 제조에 사용되며, 동결 후 해동하여 수분을 drip으로 유출시키므로 건조가 빨라진다.

최근에는 식품을 냉동시킨 후 진공 상태에서 얼음 상태의 수분을 기화시키는 동결건조법이 많이 활용되고 있다. 이 경우 복원력, 영양성분의 변화 등이 열풍건조법에 비해 우수하나 시설 및 처리비용이 고가이다.

(5) 증발건조법

엿, 연유 등의 액체식품을 농축시켜 저장성을 높게 하고 무게와 부피를 작게 할 때 이용된다. 상압에서는 단백질의 응고, 당분의 캐러멜화 등의 변화가 일어나 냄새와 빛깔이 달라지므로 진공증발법에 의하면 한층 제품의 질을 좋게 할 수 있다.

(6) 분무건조법

액체를 안개처럼 분무하여 열풍으로 건조시키는 방법이다. 증발 면적을 되도록 넓혀서 순간적으로 건조시키는 것으로 인스턴트 커피, 분유, 분말과즙 등은 이 방법으로 제조된다.

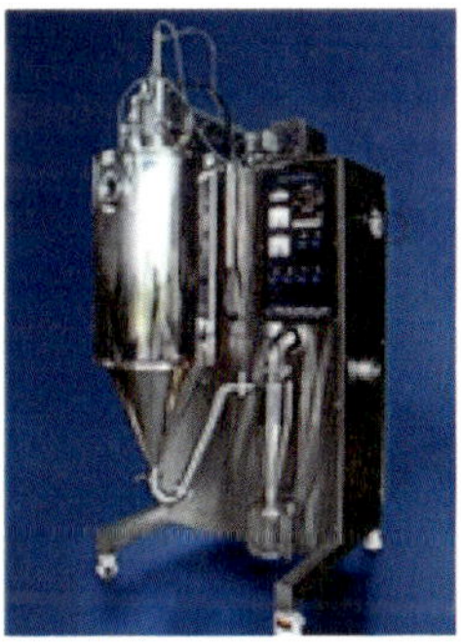

〈그림 2-7〉 분무건조기

(7) 고주파건조법

고주파를 식품에 조사하면 내부로부터 열이 발생돼 균일하게 건조된다. 증발되는 수분은 표면으로 압출시키는 작용이 있으므로 수분의 확산이 곤란한 재료나 급속건조 시에 이용된다.

(8) 원적외선건조법

원적외선은 0.56~1,000㎛의 전자파로서 세라믹 도료 표면에 열을 가하면 원적외선 파장대의 강한 에너지를 얻을 수 있다. 이 원적외선 에너지를 농산물에 조사시키면 열이 침투하게 되고 동시에 농산물의 내부온도가 상승함에 따라 활발한 분자운동을 하면서 수분을 표면으로 이동시키기 때문에 열풍건조법에 비해 열전달 효율이 높고, 농산물을 균일하게 건조할 수 있다.

다. 건조저장제품의 특징 및 주의점

건조품의 품질은 제품의 수분함량, 저장온도, 포장방법 등에 따라 크게 영향을 받는다. 진공건조 또는 동결건조 시킨 것은 조직이 다공질로 되어 있기 때문에 산화받는 면적이 크며 수분 함량이 적게 건조되어 있어 흡습과 산화에 대한 대책을 강구하여 포장·저장해야 한다.

절임에 의한 저장

절임은 염절임(염장), 당절임(당장), 산저장이 있는데, 염장과 당장은 채소나 과일과 같은 식품을 고농도의 용액에 침지함으로써 식품 속에 존재하는 수분을 삼투압의 원리를 이용해 제거하는 과정이다. 주로 절임액에 소금, 설탕 등이 주로 이용되나 이외 과당이나 포도당, 유당 등도 이용된다. 소금은 채소에 있어서 우수한 절임용액이나 식품에 짠맛을 부여하기 때문에 과일의 이용에는 적합하지 못하다. 이 방법의 장점은 열에 의한 색과 맛의 손상을 최소화시키고, 효소적 산화갈변에 의한 변색을 억제하는 장점이 있다. 최근에는 건조품의 품질 향상을 위하여 최종건조 전 전처리방법의 하나로 도입하고 있다.

가. 염장

염장법은 소금의 삼투작용에 의한 식품의 탈수로 세균의 생육에 필요한 수분이 줄어드는 현상과, 흡착되어 있는 미생물 자체에도 소금에 의한 높은 삼투압으로 원형질의 분리가 일어나며 단백질 분해효소의 억제작용 등으로 인하여 미생물의 생육이 억제되는 원리를 적용한 것이다.

염장법에는 식품을 소금물에 담가서 식품 조직에 소금물을 침투시키는 염수법(brine salting)과 고기 등에 소금을 직접 뿌려서 이것을 퇴적하거나 혼합하여 저장하는 건염법(dry salting)이 있다. 염수법은 소금이 균일하게 침투하는 장점이 있지만 소금 소비량이 많아지는 단점이 있고 건염법은 이와 상반되는 장단점이 있다.
소금에 대한 미생물의 저항성은 미생물의 종류에 따라 다르나, 일반세균은 10% 이상이면 생육이 억제되고 증식되지 않는다. Gram 양성의 구균과 같은 특수한 세균과 효모는 짙은 소금용액에서도 생육할 수 있다. 간장에 번식하는 *Zygosaccharomyces sojae* 등은 15% 이상의 소금 용액에서도 생육할 수 있으므로 내삼투압성균이라고 한다. 효모 중 20% 이상의 소금용액에서 번식하여 피클의 품질을 저하시키는 산막효모도 있다.

〈표 2-24〉 세균의 생육을 억제할 수 있는 NaCl의 농도

세균	젖산균	낙산균	요 소 분해균	단백질 분해균	지 방 분해균	펙 틴 분해균	섬 유 분해균
억제NaCl농도 (%)	15	24	18	30	16	18	16

일반적으로 당은 침투력이 낮아 식품 표면 바로 아래층에 집적되어 수분제거에 방해가 되지만 소금은 침투깊이가 깊어 삼투용액에서 소금의 사용은 더 많은 수분 제거를 가능하게 한다.

나. 당장

당장이란 삼투압의 원리를 이용하여 설탕 또는 전화당을 식품에 첨가하여 젤리, 마말레이드, 잼, 가당연유, 과일의 설탕절임 등으로 저장하는 방법이다.
일반적으로 미생물은 당농도가 50% 이상이면 생육이 억제되나, 특수한 효모와 곰팡이와 같이 상온에서 67% 설탕용액에서도 잘 생육하는 호당성 미생물이 있으므로 염장 때와 같이 소량의 산을 첨가하면 당액의 농도가 어느 정도 낮아도 부패균의 생육을 저지할 수 있다.
삼투압은 분자의 몰(mole) 수에 비례하므로, 당류의 방부효과는 분자량이 적고, 용해도가 큰 것일수록 높다. 그러므로 같은 양의 당을 첨가하는 데 있어서 설탕보다

전화당이 효과적이다. 그러나 전화당은 저장 중 용해도가 작은 포도당이 석출됨으로써 삼투압이 낮아지며 외관이 손상된다.
일반적으로 표면적과 두께의 비율이 높을수록 수분 제거가 잘 일어나며 당의 흡수도 많아진다.

다. 산저장

산저장은 pH가 낮은 초산, 젖산, 구연산 등을 이용하여 식품을 저장하는 방법으로 마늘, 김치, 오이, 양배추, 죽순을 원료로 한 것과 요거트 같은 젖산 음료 등을 들 수 있다.
미생물은 생육하는 데 있어서 식품의 pH에 많은 영향을 받게 된다. 세균은 중성(pH 7.0)에서 잘 생육하나 산성 pH 5.0 이하가 되면 생육하지 못한다. 그러나 미산성에서는 효모와 특수한 세균인 젖산균의 경우 어느 정도까지 잘 생육한다. 산에 대한 미생물 생육 저지 작용은 수소이온에 의한 세포단백질의 응고로 일어나는 것으로 생각되고 있으며, pH에 따라 차이가 심하지만 같은 pH에 있어서도 유기산이 무기산보다 미생물의 번식을 저지하는 효과가 크다. 일반적으로 미생물의 생육에 대한 저지효과는 산과 소금, 산과 당, 산과 화학방부제 등을 겸용함으로써 그 효과를 한층 증가시킬 수 있다.

〈참고문헌〉

송재철, 박현정. 최신 식품가공저장학. 효일문화사. 2004.

김재욱, 이택수, 김관유, 금종화. 식품가공저장학. 광문각. 2006.

장학길, 유병승. 식품가공저장학. 라이프사이언스. 2008.

김정숙, 민경진, 배태진, 오창환, 이명헌, 이정훈, 전소영. 에센스 식품가공저장학. 지구문화사. 2013.

김우정, 이수용, 목철균. 식품가공학. 도서출판 효일. 2012.

이성갑. 식품가공이용학. 석학당. 2012.

정강현, 임지순, 오문헌, 김종국. 식품가공학. 문운당. 2011.

김덕웅, 김두진, 김명숙, 배국웅, 윤교희, 이재우, 이부돌, 박성수. 식품가공저장학. 광문각. 2004.

김영경, 이용현, 이와하시 유미코. 고압처리가 신선 과채음료의 저장기간 중 품질 안전성에 미치는 영향. (사)한국식품저장유통학회. 2012. 17: 190 ~ 195.

김재욱, 조성환, 지의상, 차원섭. 농산식품가공학. 문운당. 2003.

노봉수, 김석신, 장판식, 이현규, 박원종, 송경빈, 이희섭, 이수복, 황금택. 식품가공저장학. 수학사. 2012.

오만진, 손종록, 정재홍, 금종화, 이가순, 오준세, 이규희, 이상덕. 농산식품가공학. 선진문화사. 2007.

김덕수 김기종, 임채일, 손종록, 한귀정, 조수묵, 김진숙, 조용식, 김지강, 김태영. 표준영농교본. 농촌진흥청. 2007.

김경중, 이윤우. 2010. 초임계유체를 이용한 녹색 식품가공기술. 식품과학과 산업. 3:35-52.

김상순, 최홍식, 변광의. 식품가공저장학. 수학사. 2000.

김재욱, 조성환, 지의상, 차원섭. 농산식품가공학. 문운당. 2002.

냉동식품 이론과 실제, 냉동물제조수산업협동조합 저. 유림문화사. 2010.

설비공학 편람 제3권 냉동, 대한설비공학회. 대한설비공학회. 2011.

박현진, 이철호. 식품저장학, 고려대학교 출판부. 2008.

정강현, 임지순, 오문헌, 김종국. 식품가공학. 문운당. 2011.

윤광섭. 건조전처리로서 삼투건조의 이용. 한국식품저장학회지5(3), 305~314. 1998.

사이버 농업기술 교육<농산물 가공>. 농촌진흥청. 한국학술정보(주). 2010.

이경혜, 오문헌. 농산식품가공학. 석학당. 2013.

고정삼. 쉬운식품가공학. 유한문화사. 2021.

농업기술길잡이 목록

가지
가축분뇨처리와 자원화
가축위생과 질병(기타 가축)
가축위생과 질병(닭)
가축위생과 질병(돼지)
가축위생과 질병(소)
가축인공수정과 수정란이식
간척지 작물 재배 기술
감
감자
감초
거베라
건강한 생활을 위한 화훼장식
경관작물
고구마
고추
고품질 감귤 생산지침
곤충산업
과수병해충
과수시설
과수적지 선정기술
과원토양관리
관상화목류(I)
관상화목류(II)
관엽식물 I
관엽식물 II
구근화훼
국화
귀농귀촌
기계화영농(이앙기, 방제기)
기후변화 대응 식량작물 안정 생산 기술
나리
낙농
논농사기계
농경지 토양 관리기술
농산물 수확 후 처리기계
농산물 우수관리, GAP
농산물 저장과 가공
농약 바르게 이해하기
농업경영 마케팅
농업기계 안전이용기술
농업시설 기상재해 경감기술
농작업 유해요인의 노출평가와 개선
농촌 치유관광
누에
당귀
당근
도시농업
돼지 기르기
두류
딸기
마늘
말
망고
맥주보리
메밀
멜론
무
무화과
밀
밭농사기계
배
배추
벼 직파 재배기술
보리
복숭아
부지화 시설재배
부추
블루베리
뽕나무·오디
사과재배
사슴 기르기
산채류
살구·체리
삽주
상추
석류
새로운 아열대 및 열대과수
새로운 자원작물
생강재배
생활원예
선인장
수경재배
수박
수수
숙근화훼류
시금치
시설원예
시설원예 에너지 절감기술
시설원예 토양관리
식물공장
식용곤충 메뉴개발 및 사육기술 표준화
식용버섯
심비디움
싹채소와 어린잎 채소
쌀 품질 고급화 기술
아마란스와 퀴노아
애완학습곤충
야콘
약용버섯
약용작물
양계
양란
양봉
양채류
양파
여주
엽채류
오리
오미자
오이
옥수수
온주밀감 월동수확
올리브
올바른 비료 사용법
우리꽃 기르기
우리가 알아야 할 농업유산
원예산물 수확 후 관리
원예산물 저온유통
유기농 쌀 생산
유산양
유지작물
유채
육우
인삼
잇꽃(홍화)
잎들깨
자두·매실
잡초방제기술
장미
재래 돼지 기르기
전통발효식품
전통지식자원
정원과 도시녹화
조·기장
조사료
조사료 생산기계
주민이 함께 가꾸는 농촌마을
주요 원예·특용작물 재배력
차
착색단고추
참다래(키위)
참외
채소 병해충
채소의 영양장애
철쭉
초화류
축산기계
축산환경과 시설
치유농업
카네이션
칼라
콩
토마토
퇴비 제조와 이용
파
팥
포도
프리지어
한우
한우 섬유질배합사료 제조기술
헤어리베치
호박
화분매개곤충 뒤영벌
황기
흑염소 기르기